Rheinisch-Westfälische Akademie der Wissenschaften

Natur-, Ingenieur- und Wirtschaftswissenschaften   Vorträge · N 390

Herausgegeben von der
Rheinisch-Westfälischen Akademie der Wissenschaften

FRIEDHELM STANGENBERG

Qualitätssicherung und Dauerhaftigkeit von
Stahlbetonbauwerken

Westdeutscher Verlag

369. Sitzung am 10. Oktober 1990 in Düsseldorf

Die Deutsche Bibliothek – CIP-Einheitsaufnahme

Stangenberg, Friedhelm:
Qualitätssicherung und Dauerhaftigkeit von Stahlbetonbauwerken / Friedhelm Stangenberg. – Opladen: Westdt. Verl., 1992
 (Vorträge / Rheinisch-Westfälische Akademie der Wissenschaften: Natur-, Ingenieur- und Wirtschaftswissenschaften; N 390)
  ISBN 978-3-531-08390-2   ISBN 978-3-322-88499-2 (eBook)
  DOI 10.1007/978-3-322-88499-2
NE: Rheinisch-Westfälische Akademie der Wissenschaften (Düsseldorf): Vorträge/ Natur-, Ingenieur- und Wirtschaftswissenschaften

Der Westdeutsche Verlag ist ein Unternehmen der Verlagsgruppe Bertelsmann International.

© 1992 by Westdeutscher Verlag GmbH Opladen

Herstellung: Westdeutscher Verlag

ISSN 0066-5754
ISBN 978-3-531-08390-2

Inhalt

Friedhelm Stangenberg, Bochum
Qualitätssicherung und Dauerhaftigkeit von Stahlbetonbauwerken

Einführung	7
Maßgebende Einflüsse	13
Realisierung der Mindesterfordernisse und deren Überprüfung	20
Ausblick	29
Literatur	33

Diskussionsbeiträge
   Professor Dr. rer. nat. *Wolfgang Priester;* Professor Dr.-Ing. *Friedhelm Stangenberg;* Ltd. Ministerialrat Dr.-Ing. E. h. *Hanno Goffin;* Dr.-Ing, Dr.-Ing. E.h. *Siegfried Batzel;* Professor Dr. rer. nat., Dr. sc.techn.h.c. *Bernhard Korte;* Professor Dr.-Ing. *Rolf Staufenbiel;* Professor Dr. rer. nat. *Eckart Kneller;* Professor Dr. phil. *Lothar Jeanicke;* Dr.-Ing. *Martin Laube* 35

Einführung

In den letzten zwei Jahrzehnten hat man sich im Stahlbetonbau in verstärktem Maße mit Fragen der Dauerhaftigkeit beschäftigt, nicht zuletzt auch deshalb, weil eine Reihe von – unter anderem auch die Öffentlichkeit erregenden – einschlägigen Schadensfällen dies notwendig machte. Der Spannbetonbau ist hier prinzipiell mit eingeschlossen, auch wenn ich den Spannbeton, bei dem es noch einige interessante Sonderaspekte bezüglich Dauerhaftigkeit gibt, im weiteren nicht expressis verbis ansprechen werde.

Typische dauerhaftigkeitsrelevante Schäden sind in Bild 1 zu sehen. Es handelt sich bei diesem Beispiel um eine fünfzehn Jahre alte Stahlbeton-Stützwand, also um eine relativ junge Stahlbetonkonstruktion – aber schon mit sichtbaren Verfallserscheinungen. Und das, wo doch der mit Stahl bewehrte Beton für sich in Anspruch nimmt und auch durch viele Beispiele seit mehr als einhundert Jahren überzeugend unter Beweis gestellt hat, eine bewährte, grundsolide und weitgehend wartungsfreie Bauweise zu sein. Man sieht in Bild 1 korrodierte Bewehrungsstäbe; die äußere Betonschicht – die Betondeckung – von hier ca. 3 cm Dicke ist durch die Volumenvergrößerung der korrodierenden Stahlstäbe bereichsweise abgesprengt worden, die somit frei liegen und einem um so schnelleren Korrosionsprozeß ausgesetzt sind. Es ist dann nur noch eine Frage der Zeit, wann die Bewehrung so weit geschwächt sein wird, daß sie ihre Funktionen nicht mehr ausreichend erfüllen kann und folglich die Standsicherheit bzw. Tragfähigkeit längerfristig nicht mehr gegeben ist. Es müssen rechtzeitig Gegenmaßnahmen ergriffen werden, um drohende Gefahren abzuwenden.

Die gleiche fünfzehn Jahre alte Stützwand zeigt an anderen Stellen auch noch weiter fortgeschrittene Schadensstadien. Bereichsweise weist sie auch Schäden im Frühstadium der äußerlichen Erkennbarkeit auf, die durch gerissene Betonauflockerungen und -aufwölbungen gekennzeichnet sind. Weiterhin gibt es auch noch viele Bereiche, denen man äußerlich nichts ansieht, bei denen aber bei einer genaueren Analyse schon beginnende Bewehrungskorrosion feststellbar ist. Vollständigkeitshalber möchte ich auch die Bereiche noch erwähnen, bei denen noch keinerlei Stahlkorrosion nachweisbar ist, wo aber mit den heutigen Möglichkeiten, auf die ich noch zu sprechen komme, eine in späteren Jahren zu erwartende Korrosionsgefahr mit hoher Zuverlässigkeit prognostiziert oder ausgeschlossen werden kann.

Bild 1 zeigt also einen Fall, bei dem die Dauerhaftigkeit des Stahlbetons offenbar zu wünschen übrig läßt. Die Instandsetzung (man vermeidet den Ausdruck „Sanierung") erfolgt beispielsweise durch Entrosten der Stähle und Erneuern des Oberflächenbetons (des Deckungsbetons).

Ein Beispiel für eine derartige Instandsetzung zeigt Bild 2. Zu sehen ist ein Gebäude der Ruhr-Universität Bochum nach einer kostspieligen Beton-„Runderneuerung". Die zusätzliche Farbkosmetik läßt die Zig-Millionen DM teure Instandsetzung in einem freundlichen Glanz der Verschönerung erscheinen – sozusagen als schmuckvolles, die Peinlichkeit verhüllendes Feigenblatt. Man weiß heute schon, daß diese aufwendige Nachbesserung nicht die letzte war, denn als Garantiezeiten für derartige Instandsetzungen werden lediglich zum Beispiel fünf Jahre gehandelt; auch wenn sich de facto zehn oder fünfzehn Jahre als problemlos erweisen sollten, kann der nachträglich erneuerte Deckungsbeton nicht das bieten, was ein von Anfang an ordnungsgemäßer Beton hätte bieten können – bei Stahlbeton-Dauerhaftigkeit.

Anhand dieser Bildbeispiele habe ich nun durch einen Einblick von der Negativseite her das Themengebiet bereits umrissen, das ich im weiteren behandeln möchte: Dauerhaftigkeitsprobleme, soweit sie auf nicht dauerhaften Korrosionsschutz des Bewehrungsstahles zurückzuführen sind und die diesbezügliche Qualitätssicherung, die wir dagegen setzen, um derartige Schäden zu vermeiden. Ich schränke also in dem heutigen Rahmen das an sich sehr viel umfassendere Thema Dauerhaftigkeit und Qualitätssicherung ein – jedoch auf den, wie ich meine, wichtigsten Teilbereich, wenn man Schadenshäufigkeit und Schadensausmaß, den wirtschaftlichen Schaden, als Maßstäbe zugrunde legt. Sie stellen eine wichtige Teilmenge der registrierten Schäden dar. Auf die erforderlichen Qualitäten und auf die Sicherung dieser Qualitäten werde ich ebenfalls noch im weiteren zu sprechen kommen. Die Qualitätssicherung muß bei Neubauten schon mit beginnender Planung einsetzen und natürlich die Herstellung und ggf. die Nutzung begleiten. Es gibt leider auch Fälle bestehender Bauten, bei denen wir heute, etwa weil die dauerhaftigkeitsbezogene Qualitätssicherung nicht erfolgte oder nicht erfolgreich war, nach mehreren Jahren der Nutzung Mängel bzw. Schäden vorfinden, die uns zwingen, nachträgliche Erhaltungsmaßnahmen durchzuführen. Auch diese Maßnahmen müssen dann, im Hinblick auf die Dauerhaftigkeit, qualitätsgesichert – geplant, ausgeführt, kontrolliert – sein.

Wie für Bauschäden allgemein, gilt auch für die hier relevanten spezifischen Dauerhaftigkeitsschäden, daß statistisch etwa ein Drittel (eher etwas mehr) auf Bauausführungsfehler, etwa ein Drittel auf Entwurfs- bzw. Planungsfehler und wiederum ein Drittel auf baustoffliche Probleme, geänderte Nutzung, geänderte Einwirkung (z. B. verschlechterte Umweltbedingungen, übermäßiger Tausalzangriff) und sonstiges zurückzuführen sind. Eine präzise Zuordnung ist nicht immer

Qualitätssicherung und Dauerhaftigkeit von Stahlbetonbauwerken

Bild 1: Abplatz- und Korrosionsschäden an einer Stahlbeton-Stützwand

Bild 2: Nach zwanzig Jahren wegen Dauerhaftigkeitsschäden erneuerte Stahlbetonflächen (Ruhr-Universität Bochum)

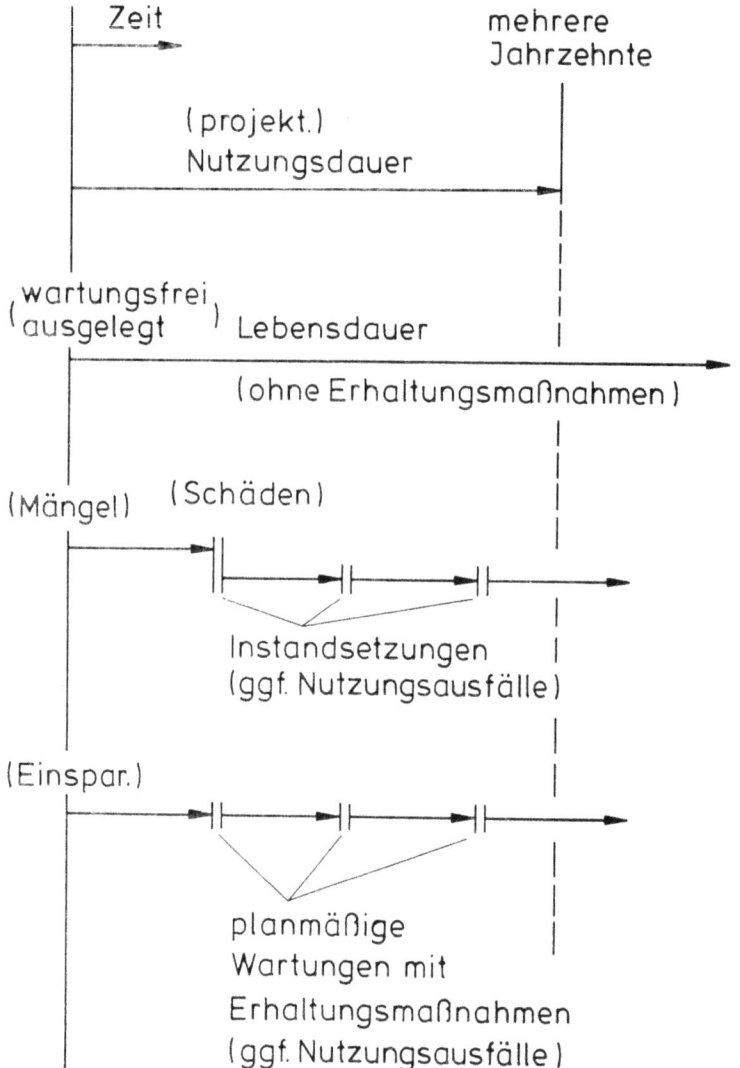

Bild 3: Zeiträume, Begriffe

möglich. Diesen Fehlerquellen setzen wir die Qualitätssicherung, bestehend aus den drei Phasen Planung, Lenkung und Kontrolle, entgegen.

Die Zeiträume, die im Zusammenhang mit der Dauerhaftigkeit von Stahlbetonbauwerken eine Rolle spielen, sind in Bild 3 veranschaulicht. Es wird zwischen planmäßiger Nutzungsdauer (im allgemeinen mehrere Jahrzehnte; z. B. bei Straßenbrücken implizit ca. 80 Jahre; im Anlagenbau z.B. ca. 30 Jahre) und tatsächlicher Lebensdauer unterschieden. Wenn diese ohne Erhaltungsmaßnahmen größer als die projektierte Nutzungsdauer ist, liegt der Idealfall vor, den es häufig genug gibt. Falls Erhaltungsmaßnahmen notwendig sind, um eine ausreichende Lebensdauer zu sichern, können es einmal unvorhergesehene notwendige Eingriffe sein – was nicht sein sollte – oder planmäßige Wartungen mit planmäßigen Erhaltungsmaßnahmen, die aber dann mit gezielten Einsparungen bei den Herstellungskosten einen insgesamt kalkulierbaren Vorteil ergeben sollten. Ein realistisches Wirtschaftlichkeitsdenken muß auch die nach der Errichtung noch auftretenden Bauwerkserhaltungskosten und ggf. die mit Erhaltungsmaßnahmen verbundenen Nutzungsausfallkosten in die Gesamtkostenrechnung einbeziehen.

Bild 4 zeigt das statische Prinzip des Stahlbetons am Beispiel eines Biegebalkens. Durch die untere Stahleinlage ist es möglich, den Biegezug aufzunehmen, während der Biegedruck vom Beton aufgenommen wird. Die rein statische Sicht strebt einen möglichst großen inneren Hebelarm bei möglichst geringen Betonaußenabmessungen an. Dann ergeben sich nämlich die in Bild 4 aufgeführten Minimierungen, die das Optimum aus allein statischer Sicht darstellen. Dies darf aber nicht auf Kosten der Betondeckung gehen, die eine Mindestdicke und eine Mindestbeschaffenheit aufweisen muß, um, wie ich noch erläutern werde, die Dauerhaftigkeit nicht in Frage zu stellen. Es kommt vielmehr auf die Gesamtkosten an, wobei, wie gesagt, auch evtl. nachträglich noch entstehende Kosten während der Nutzung einzubeziehen sind.

Als wir vor etwa zwanzig bis dreißig Jahren den Höhepunkt einer euphorischen Entwicklung im Stahlbetonbau erlebten – insbesondere auch beflügelt durch die damals moderne Sichtbetonarchitektur –, als man, im Vertrauen auf die Fortschritte auf dem Berechnungssektor, raffinierteste Materialminimierungen hinrechnete, Konstruktionen ausknautschte, um zu möglichst hohen Schlankheiten zu kommen, als selbst um halbe Zentimeter zu Lasten der Betondeckung gerungen wurde, wurden beim Ausloten des Machbaren hier und da gewisse durch Erfahrungen abgesicherte Grenzen überschritten, die dann nach einigen Jahren zu vermehrten Dauerhaftigkeitsschäden führten. Gerade bei jenen Bau-Jahrgängen ist eine höhere Schadenshäufigkeit festzustellen.

Die Antwort darauf waren intensivierte Forschungen, die sich mit der Analyse der Schäden und ihrer Ursachen befaßten. Gegenmaßnahmen wurden abgeleitet, deren Effektivität wurde studiert usw. [1, 2, 3]. Die Qualitätssicherung zur Vermeidung von Dauerhaftigkeitsmängeln erhielt seit etwa fünfzehn Jahren einen beachtlichen Entwicklungsschub. Es liegen heute umfangreiche Kenntnisse über die für den dauerhaften Korrosionsschutz des Bewehrungsstahles relevanten Einflüsse vor, und die dazugehörige Qualitätssicherung hat inzwischen einen hohen Stellenwert erhalten. Das Tückische an diesen Dauerhaftigkeitsschäden ist, daß sie meist erst *nach* der Garantiefrist, die im Regelfall nur zwei oder fünf Jahre beträgt, auffallen bzw. äußerlich erkennbar werden.

Es folgt nun eine komprimierte Darstellung der Einflüsse, besonderen Eigenschaften, Zusammenhänge und Folgerungen, die in diesem Rahmen von Bedeutung sind, wobei der Verfasser die Ergebnisse einiger einschlägiger Aktivitäten mit einbezieht.

Bild 4: Statisches Prinzip des Stahlbetons

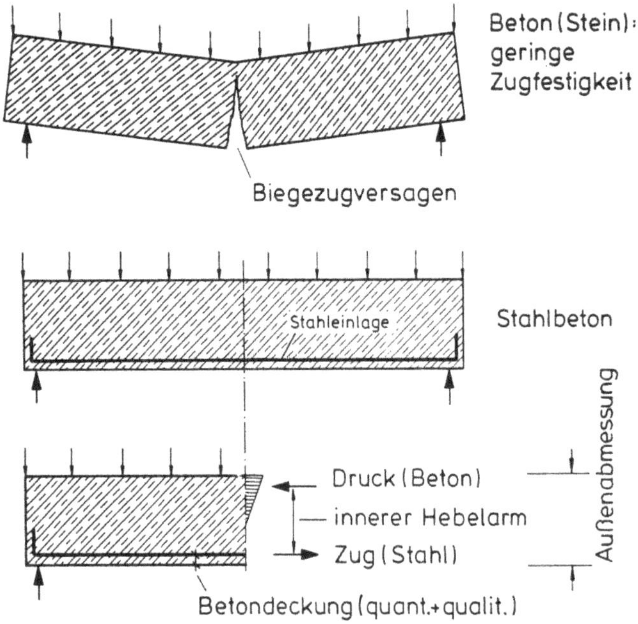

Statische Sicht: Minimierung der Baukosten durch: Minimierung des Gewichtes (Eigenlast) und Minimierung des Materialaufwandes (einschl Schalung und Rüstung)

aber: Minimierung der Gesamtkosten über Nutzungsdauer (Aspekt: Dauerhaftigkeit)

Maßgebende Einflüsse

Ein wesentlicher diesbezüglicher Einfluß ist die *Karbonatisierung* des oberflächennahen Betons (Bild 5). Der Korrisionsschutz des Bewehrungsstahles, der aus den bereits genannten Gründen in der Regel in Oberflächennähe angeordnet

Bild 5: Karbonatisierung

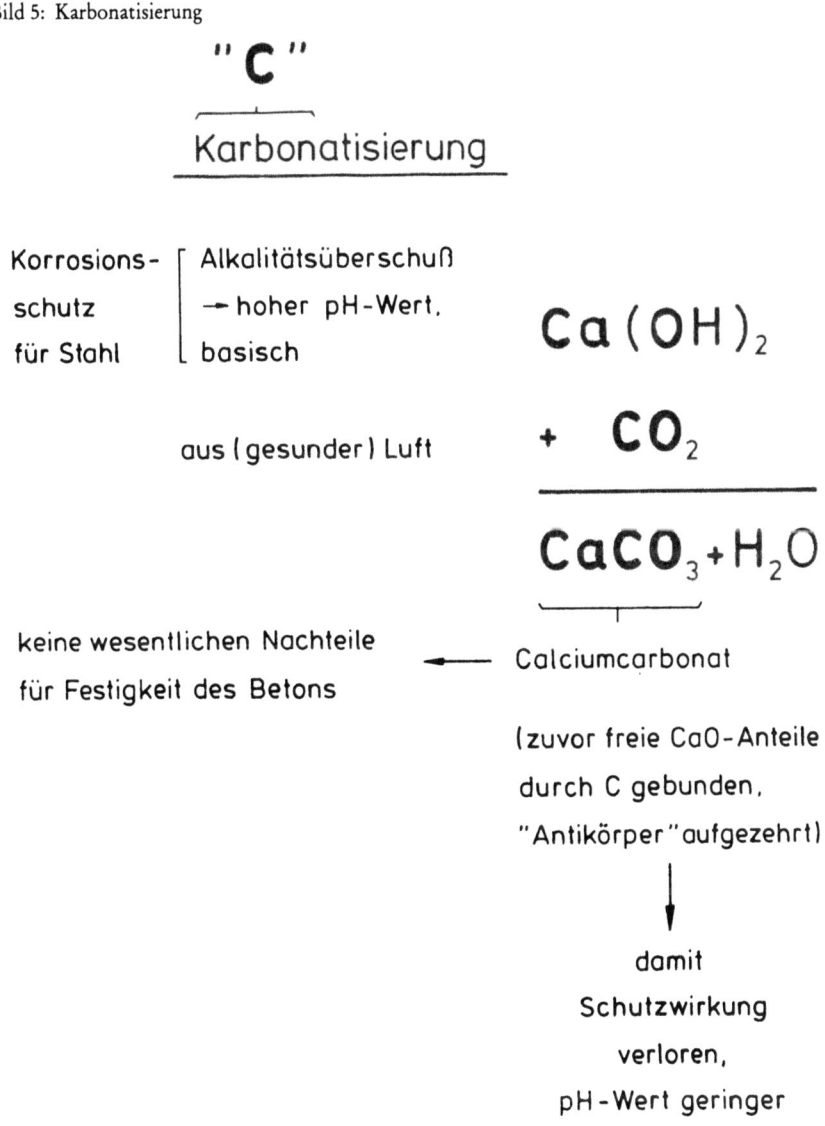

ist, beruht auf dem Alkalitätsüberschuß – in Form von freien CaO-Anteilen im Beton –, d. h. auf einem hohen pH-Wert, einem hoch basischen, den Stahl umhüllenden Beton. CO_2 aus der Luft (bekanntlich auch in „gesunder" Luft enthalten, bei industrieller Umwelt allerdings erhöht) dringt durch die Poren und Risse des Betons ein und verbindet sich mit den freien CaO...-Anteilen, den „Antikörpern" zum Schutz gegen Stahlkorrosion, zu Calciumcarbonat. Damit werden diese Antikörper aufgezehrt, nämlich durch Kohlenstoff (C) eingebunden („karbonatisiert"), was zu einem Absinken des Beton-ph-Wertes und dem Verlust der Korrosionsschutzwirkung für den einliegenden Stahl führt. Für den Beton selbst, insbesondere seine Festigkeits- und Beständigkeitseigenschaften, hat dieser Prozeß des Karbonatisierens keine negativen Auswirkungen.

Die Karbonatisierung des Betons beginnt von der luftberührten Oberfläche her (Bild 6), von wo auch andere nicht segensreiche Stoffe, z. B. ggf. Schwefeloxyde,

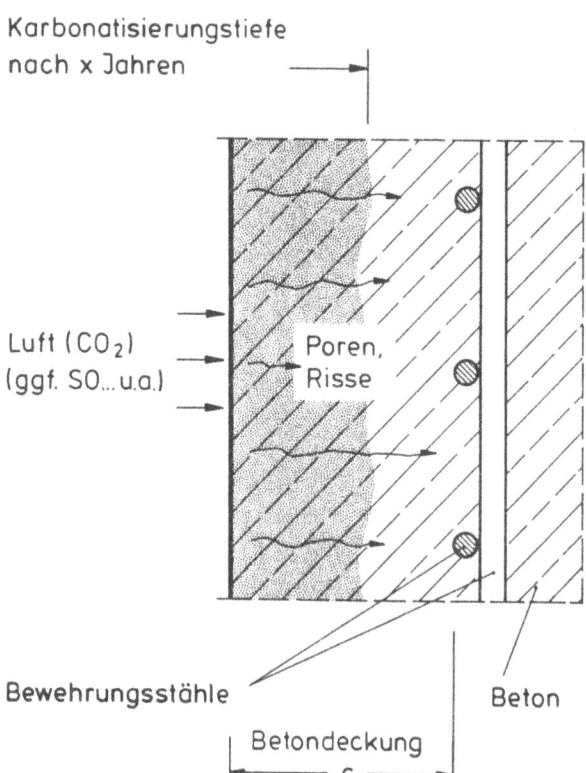

Bild 6: Karbonatisierungstiefe und Betondeckung

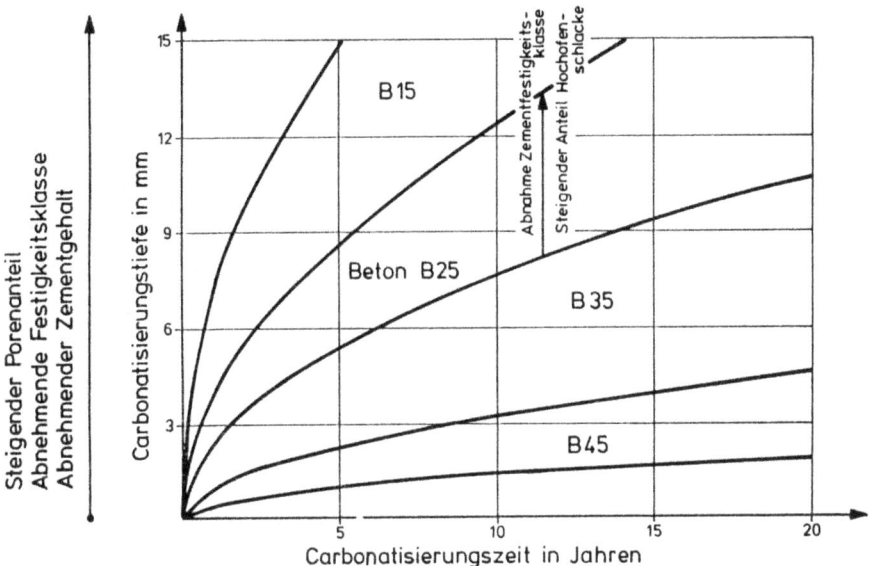

Bild 7: Der zeitliche Verlauf der Karbonatisation von nicht oberflächenbehandeltem Beton unter trockenen Bedingungen im Freien

eindringen, worauf ich aber hier nicht eingehen möchte. Die Karbonatisierung schreitet mit den Jahren in zunehmende Betontiefen fort, wobei die Geschwindigkeit der unscharfen Fronten immer langsamer wird. Nach Jahrzehnten erreicht die Karbonatisierungstiefe die Größenordnung von bis zu einigen Zentimetern, je nach Diffusionswiderstand (gegeben durch Poren und Risse) und Alkalität des Deckungsbetons. Wenn die Karbonatisierungstiefe kleiner bleibt als die Betondeckung der Bewehrung, dann bleibt der Korrosionsschutz des Stahles erhalten.

Über die Betonrezeptur und -verarbeitung ist die spätere Karbonatisierungsentwicklung beeinflußbar (Bild 7). Der Diffusionswiderstand des Betons steigt mit sinkendem Porenanteil (einschließlich Rissen), was wiederum über eine ausgewogene Kornabstufung, über die Begrenzung des Wasserzementwertes, über eine gute Verdichtung und über eine sorgfältige Oberflächen-Nachbehandlung begünstigt wird. Die Alkalität läßt sich über Mindestzementgehalte und über den Zementtyp günstig beeinflussen. Da die Betonfestigkeit ebenfalls auf diese Weise gesteuert werden kann, ergibt sich somit indirekt auch eine gewisse Korrelation der zeitabhängigen Karbonatisierungstiefe mit der Fertigkeitsklasse. Die Zeitverläufe der Karbonatisierungstiefe lassen sich durch Wurzelfunktionen annähern, was sich für die Prognostizierung des Karbonatisierungsfortschritts nutzen läßt (Bild 8).

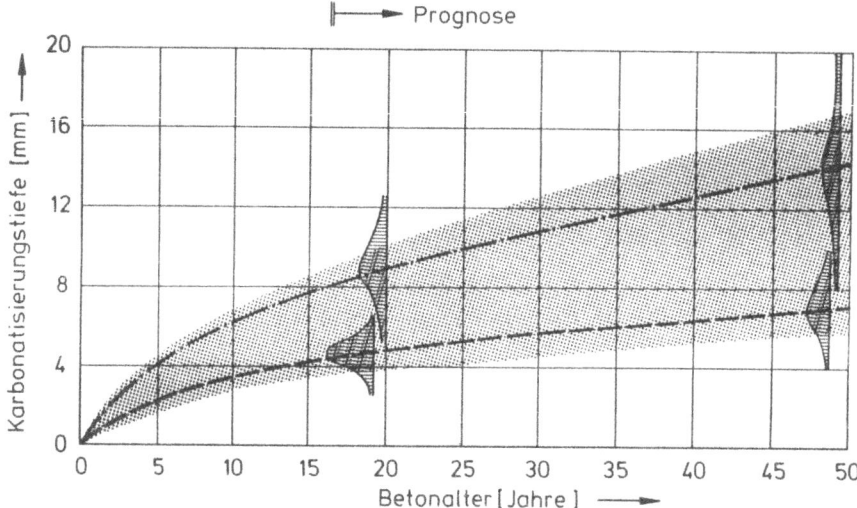

Bild 8: Prognose der Karbonatisierungstiefe auf der Grundlage von Messungen nach einigen Jahren.
- - - Zeitliche Entwicklung bei günstigen, - · - · - bei ungünstigen Bedingungen

Jedoch streuen die Karbonatisierungstiefen, wie eigene Untersuchungen an bestehenden Bauten gezeigt haben, dermaßen stark, daß nur vorsichtige Eingrenzungen der zu erwartenden Verteilungen möglich sind. Bild 8 bezieht sich auf ein

Bild 9: Gemessene Karbonatisierungstiefen an einem Wand-Teilbereich; fünfzehn Jahre alter Beton

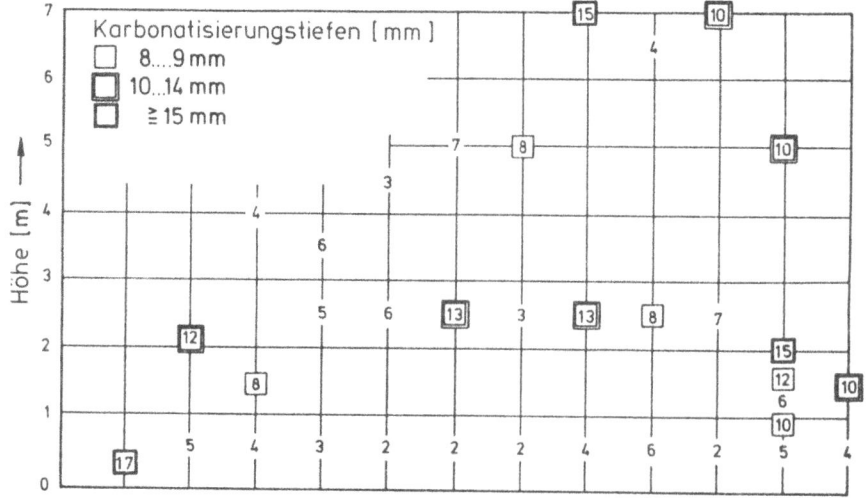

Beispiel aus der Praxis, bei dem der Karbonatisierungszustand eines siebzehn Jahre alten Betons systematisch erfaßt wurde und davon ausgehend eine Extrapolation auf die Zukunft vorgenommen wurde. Die festgestellten Verteilungen ergeben sich anhand von chemischen Untersuchungen an Proben, die in einem regelmäßigen Raster entnommen wurden. Bild 9 zeigt ein Teilstück der untersuchten gerasterten Betonflächen mit den eingetragenen Ergebnissen der Karbonatisierungstiefen, die hier von 2 mm bis 17 mm streuen. Bild 10 bezieht sich ebenfalls auf diese Untersuchungen.

Bezüglich dieser Analysen – ebenso wie für die nachstehend angesprochenen Chloridgehaltbestimmungen – haben wir eine fruchtbare Zusammenarbeit mit der Anorganischen Chemie an unserer Universität. Interdisziplinäre Arbeitskontakte sind hier ratsam.

Bild 10: Karbonatisierungstiefe (in mm) über die Stützwandhöhe; fünfzehn Jahre alter Beton

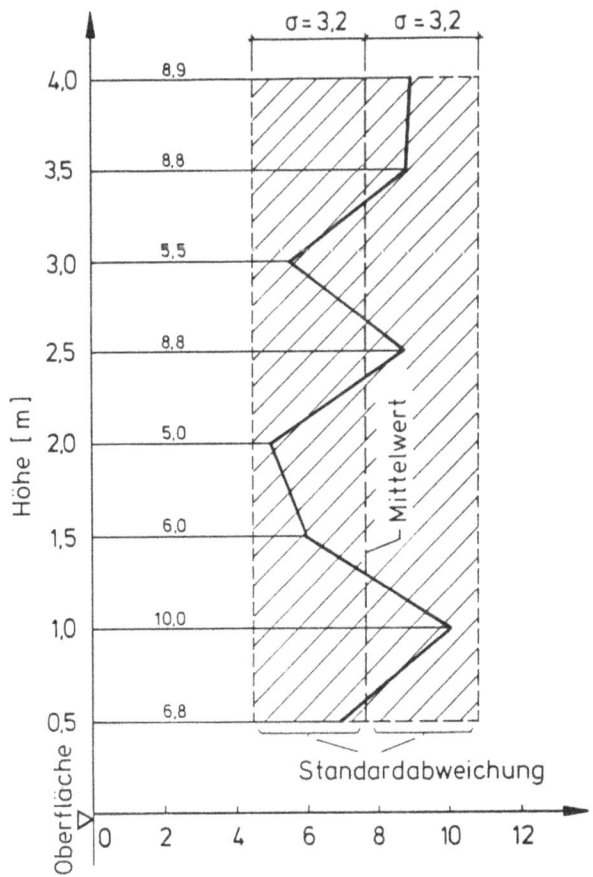

Neben der Karbonatisierung ist auch der *Chloridgehalt* im Beton von entscheidender Bedeutung für die Frage der Korrosionsgefahr des einliegenden Bewehrungsstahles. Bild 11 zeigt Untersuchungsergebnisse, die wir an der zuvor erwähnten siebzehn Jahre alten Stahlbeton-Stützwand durchgeführt haben, die neben einer im Winter mit Tausalz beaufschlagten Straße steht. Nach mehreren Jahren hatte sich der Chloridgehalt in Wandtiefen ab 2,5 cm, ohne daß jahreszeitliche Unterschiede feststellbar sind, stabilisiert auf Werte, die unterhalb der Bedenklichkeitsschwelle (ca. 500 mg/kg Beton) liegen. Im oberflächennahen Bereich – bis 2,5 cm Tiefe – ist die Chloridkonzentration bei dem hier vorliegenden Betondichtigkeitsgrad (Diffusionswiderstand) nach einigen Jahren Tausalzbelastung

Bild 11: Chloridgehalt und -eindringtiefe ca. 0,25 m über Straßenniveau

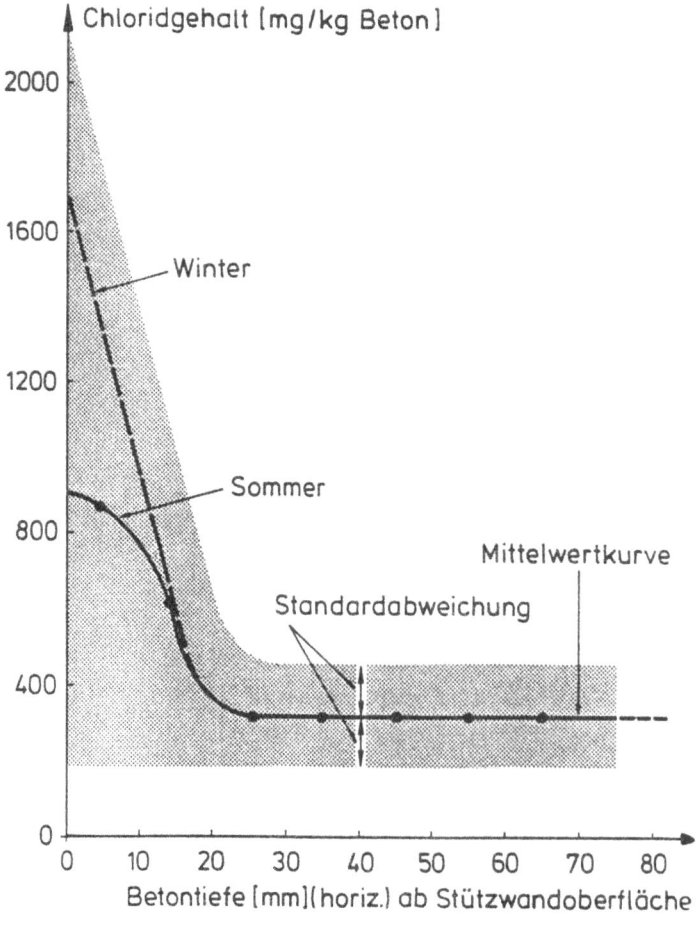

jedoch so stark, daß Bewehrungsstähle, falls sie in diesem Bereich liegen, korrosionsgeschädigt sein müssen. Interessant sind die Schwankungen zwischen Sommer- und Winterbedingungen (Bild 11): Im Sommer reduziert sich nämlich im unteren Wandbereich der oberflächennahe Chloridgehalt durch Spritzwasserauswaschungen gegenüber den in der winterlichen Tausalzperiode höheren Werten. Wir können nämlich zwischen einem unteren Spritzwasserbereich und einem oberen Sprühnebelbereich unterscheiden (Bild 12). Sprühnebel bewirkt Chloridangriff bis in mehreren Metern Höhe, in diesem Fall allerdings mit unbedenklichen Konzentrationen.

Auch bezüglich der Chloride kommt es auf eine ausreichend dicke und ausreichend dichte Betondeckung des Bewehrungsstahles an, wobei beides in einem ausgewogenen Verhältnis zueinander stehen muß.

In Bild 13 sind die Anforderungen an die Betondeckung zusammengestellt (a. ausreichend „dick", b. ausreichend „dicht" und c. ausreichend „alkalisch"), um

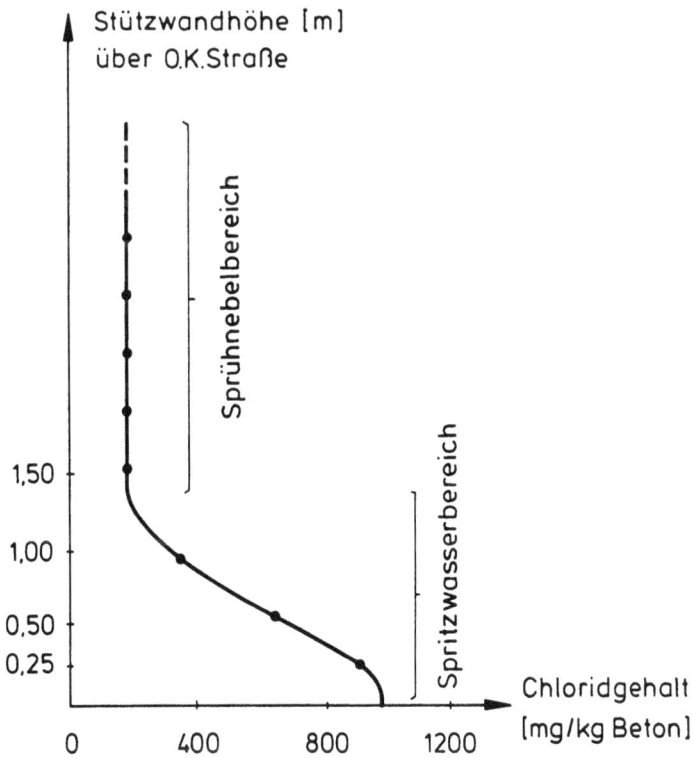

Bild 12: Mittlerer Chloridgehalt (bis 10 mm Tiefe) im Sommer nahe der Stützwandoberfläche

(quant.)   a)   c - Maß   "groß genug"

(qualit.)
- b) hoher Diffusionswiderstand (min. Poros.)
- c) hohe Alkalität (chemischer Widerstand)

zu a)   c nicht "zu" groß
↳ damit statisch nicht zu ungünstig
↳ um oberflächennahe Rißbildung beschränkt zu halten

zu b)   W/Z -Wert min., Kornabstufung, Verdichtung, Nachbehandlung usw.

zu c)   Mindestzementgehalt, Zementsorte usw.

Bild 13: Korrosionsschutz der Bewehrung: Anforderungen an die Betondeckung

der Karbonatisierung (a, b und c) und dem Chloridangriff (a und b) wirksam zu begegnen. Da vielfach auch aus anderen Gründen ein Mindestbetondeckungsmaß erforderlich ist (z. B. zur Verbundsicherung und ggf. aus Brandschutzgründen) ist die quantitative Forderung nach einer den Erfordernissen anzupassenden Mindestdicke unumgänglich, aber auch die qualitativen Forderungen (möglichst dicht und möglichst alkalisch) sind ebenso wichtig. Entsprechendes muß folglich eine dauerhaftigkeitsbezogene, Korrosionsschäden minimierende Qualitätssicherung leisten.

Realisierung der Mindesterfordernisse und deren Überprüfung

Qualitätssicherungssysteme sind entwickelt worden, die dazu dienen sollen, die vorstehend abgeleiteten Mindestanforderungen an den Deckungsbeton (auf eine Kurzformel gebracht: ausreichend dick, dicht und alkalisch) in die Realität (hier zunächst: bei Neubauten) umzusetzen. Seit einigen Jahren ist zu beobachten, daß die Bedeutung dieser Qualitätssicherung den am Bau Beteiligten mehr und mehr bewußt geworden ist, zumal auch einschlägige Richtlinien seit 1983 die an sich vom Grundsatz her schon sehr viel länger bekannten Gesetzmäßigkeiten in Form von Mindestanforderungen präzisiert haben, um die praktische Umsetzung zu standardisieren. Es ist dabei klar die Tendenz zu erkennen, daß man sog. „robuste"

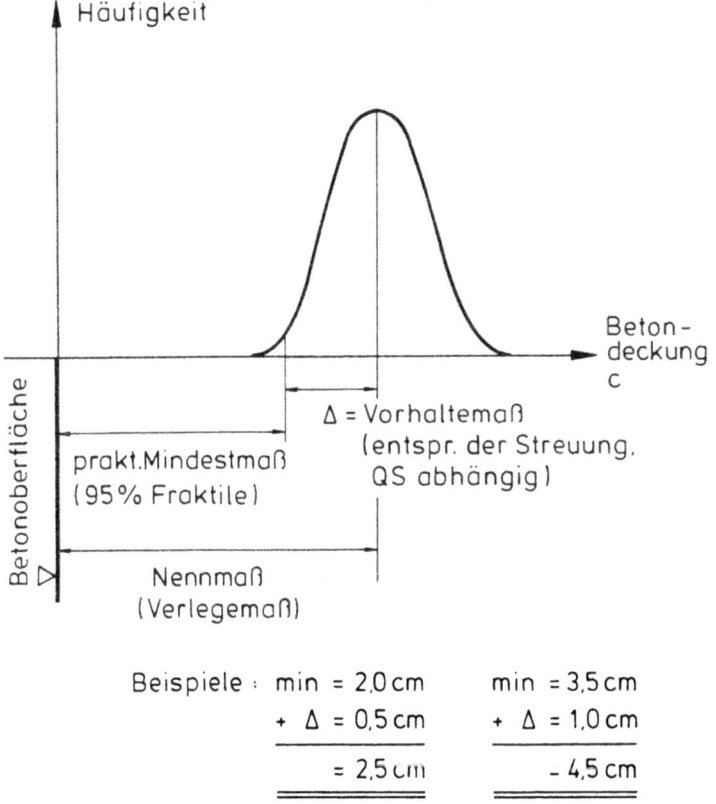

Bild 14: Betondeckung unter Berücksichtigung der Lagetoleranzen der Bewehrung

Konstruktionen in Konzept und Ausführung anstrebt, die auch bei gewissen Abweichungen der tatsächlichen von den bei den Auslegungsberechnungen angenommenen Bedingungen nicht gleich sensibel reagieren; man rückt also ab von übertriebener Rechen-Verfeinerung und überzüchteter Konstruktionsfiligranität, womit die Baustelle in puncto Präzision manchmal schlicht überfordert worden ist, insbesondere, wenn den Ausführungstoleranzen bei Detailfestlegungen nicht Rechnung getragen worden ist. Am Beispiel des Betondeckungsmaßes möchte ich dies erläutern:

Wenn eine Mindestbetondeckung von zum Beispiel 2 cm einzuhalten ist, müssen die Konstruktionszeichnungen, die ja die Anweisungen für die Baustelle enthalten, von einem um Δ größeren Deckungsmaß ausgehen (Bild 14). Ist eine hohe Ausführungsgenauigkeit möglich (Beispiel: werksmäßige Fertigteilherstellung mit relativ geringen Toleranzen), dann kann bei entsprechender Qualitätssicherung

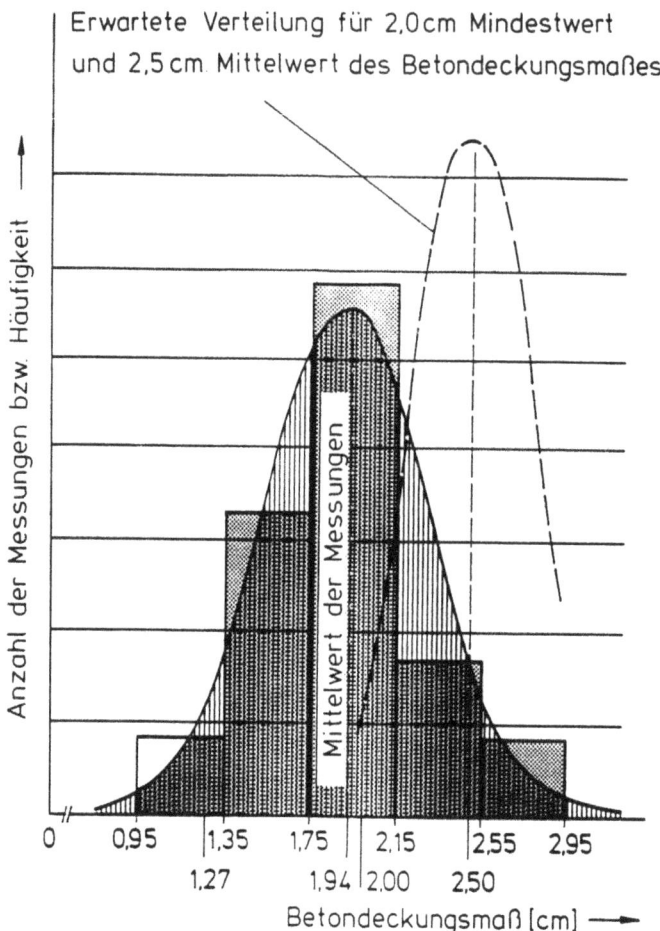

Bild 15: Beispiel eines Soll-Ist-Vergleiches für die statistische Verteilung des Betondeckungsmaßes

das Δ sehr klein sein (minimal: $\Delta = 0{,}5$ cm). Wenn also 2,5 cm gefertigt wird, ist bei diesem Beispiel eine Verteilung gemäß der Häufigkeitskurve in Bild 14 zu erwarten, bei der wenigstens 95% der tatsächlichen Werte oberhalb des geforderten Minimums liegen (95%-Fraktil-Wert als praktisches Mindestmaß). 5% Ausreißer sind erfahrungsgemäß technisch tolerabel. Die Qualitätssicherung muß diese Kurve entsprechend schmal, also die Streuungen klein halten (z. B. durch entsprechend aufwendige Maßnahmen zur Abstandhaltung und Lagesicherung bei der verlegten Bewehrung).

Bild 15 zeigt ein Beispiel eines von uns überprüften bestehenden Bauwerkes, bei dem die Qualitätssicherung nicht in diesem Sinne erfolgt bzw. erfolgreich war.

Die Soll-Verteilung für 2,0 cm Mindestbetondeckung und folglich wenigstens 2,5 cm mittlere Betondeckung (vorstehendes Zahlenbeispiel) wird durch die gestrichelte Kurve dargestellt. Dagegen zeigen die Meßwerte ein deutliches Defizit. Festgestellte Fehler:

a) Die Konstruktionszeichnungen hatten den Toleranzzuschlag von z. B. 0,5 cm nicht berücksichtigt; also ein Planungsfehler, bei dem die Baustelle bei den fertig angelieferten Biegeformen, teils Paßformen, nichts wieder gutmachen konnte, zumindest nicht ohne erheblichen Zeitverzug.

b) Die nachträglich ermittelten Fertigungstoleranzen waren, mit einem festgestellten Δ von 0,7 cm, größer als das durch die Qualitätssicherung zu erreichende Δ-Maß von 0,5 cm.

Das vorhandene Mindestdeckungsmaß, in dem Sinne, daß 95% der Istwerte darüber liegen, beträgt hier nur 1,27 cm statt 2,0 cm. Der tatsächliche Minderwert (Diskrepanz zwischen gelieferter und bestellter Leistung), um den man dann auch noch einen Rechtsstreit, je nach Vertragslage, führen kann, war hier nicht so groß, wie es aufgrund dieses quantitativen Betondeckungsdefizites den Anschein hat, denn es gab auf der anderen Seite einen Überschuß an Betondeckungsqualität (Dichtigkeit und Alkalität waren höher als bei dem entsprechenden Normbeton).

Die hier zugrunde liegenden Meßwerte des Betondeckungsmaßes wurden zerstörungsfrei mit einem elektro-magnetischen Gerät gewonnen. Auf diese inzwischen vielfach angewandte Meßmethode, die allerdings auch ihre Tücken hat, möchte ich nicht näher eingehen. Ich möchte dazu nur sagen, daß derartige Geräte in den richtigen Händen sehr hilfreich – mehr aber auch nicht – sein können. Wir haben hier in Einzelfällen (etwa 5% der Messungen) die erhaltenen Meßwerte durch punktuelles Freilegen der Bewehrung (also „zerstörend") auf ihre Zuverlässigkeit hin überprüft.

Solche und andere Messungen am fertigen bzw. bestehenden Bauwerk gehören in den Bereich der Qualitätskontrolle (wie eingangs erwähnt, umfaßt eine sinnvolle Qualitätssicherung auch die vorhergehenden Phasen der Qualitätssicherungs-Planung und Qualitätssicherungs-Lenkung). Es hat sich jedoch in der Praxis gezeigt, daß diese nachträglichen Kontrollen, die ja nicht direkt auf die Qualität durchschlagen, rückwirkend die vorhergehenden Phasen der Qualitätssicherung positiv beeinflussen. Denn wer einmal negativ bei den Kontrollen aufgefallen ist, unternimmt beim nächsten Mal um so größere Qualitätssicherungs-Anstrengungen.

Zur Zeit gibt es eine Vielzahl von Aktivitäten (u. a. voraussichtlich ein BMFT-Programm) zur Weiterentwicklung von zerstörungsfreien Prüfmethoden, die für derartige Qualitätskontrollen in Betracht kommen. In meinem Bereich wird z. B. an der Praxis-Erprobung der Methode der Messung elektrischer Potentialdifferenzfelder zur zerstörungsfreien Früherkennung von Korrosionsschäden an Bewehrungsstählen gearbeitet. Diese Methode kann dann wertvolle Dienste leisten, wenn Instandsetzungskonzepte zu erarbeiten sind, worin auch Bauwerksbereiche einzubeziehen sind, die äußerlich noch nicht als geschädigt erkennbar sind, aber aufgrund von beginnender Korrosion an den Stahleinlagen, was mit dieser Methode feststellbar wäre, später an der Oberfläche zutage tretende Schäden aufweisen werden. Eine qualitätsgesicherte Instandsetzung bei bestehenden Bauten mit akuten oder befürchteten Dauerhaftigkeitsproblemen muß mit einer qualitätsgesicherten Instandsetzungsplanung beginnen.

Die folgenden Untersuchungen haben wir in unserem Labor zur Anwendung dieser Methode durchgeführt.

Bei den Untersuchungen zur Feststellung einer beginnenden Stahlkorrosion, die noch nicht an der Betonoberfläche erkennbar ist, kommt es auf die in Bild 16 als „relevant" gekennzeichnete Schicht an, durch die hindurch, in diesem Falle „zerstörungsfrei", Aufschluß über den Zustand der Bewehrungsstähle zu erhalten ist. Für Laboruntersuchungen wurden Probekörper, die diese relevante Schichtdicke repräsentieren, verwendet (Bild 17). Auf der Seite, auf der die Bewehrung frei liegt, wurde in Teilbereichen künstlich in kurzer Zeit Stahlkorrosion erzeugt. Von der entgegengesetzten Seite wurden dann die Potentialdifferenzmessungen mit dem betreffenden Gerät, an dessen Entwicklung Wissenschaftler verschiedener

Bild 16: Relevante Schicht einer Betonwand für Korrosionsuntersuchungen mittels Potentialfeldmessung. c: unterschiedliche Betondeckung

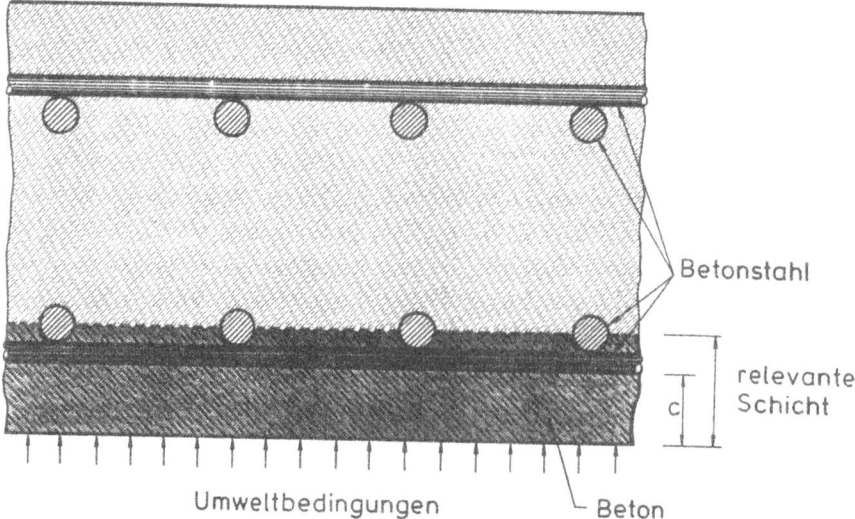

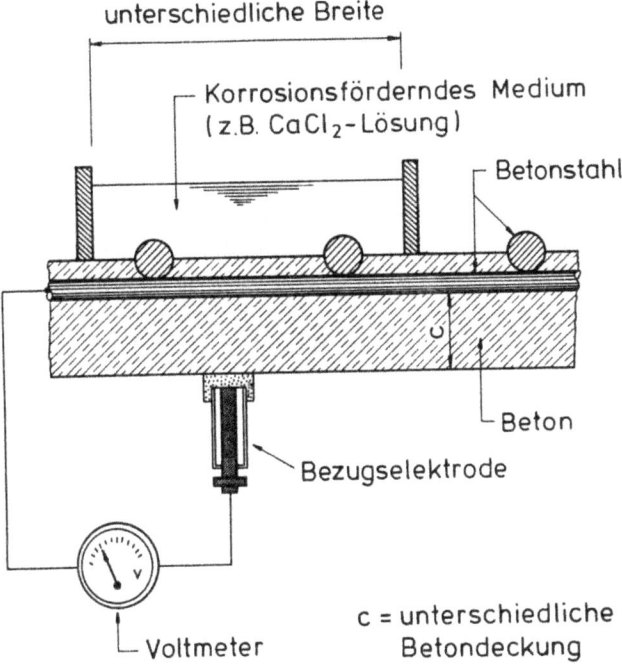

Bild 17: Versuchsanordnung zur Zuverlässigkeitsüberprüfung der Methode der Messung von Potentialdifferenzen. c: unterschiedliche Betondeckung

Fakultäten beteiligt waren (auch wieder eine interdisziplinäre Arbeit), durchgeführt (Bild 17). Als Ergebnisse erhält man bei entsprechender Auswertung Isopotentiallinien (Bild 18), die deutlich die Bereiche hervortreten lassen, in denen zuvor auf der Rückseite Korrosion erzeugt worden ist. Die angezeigten Potentiale sind allerdings, obwohl der Rostzustand in allen Bereichen der gleiche ist, unterschiedlich. Die Größe der Bereiche, Feuchtigkeitsgehalte usw. sind nämlich wichtige Einflußgrößen. Deshalb kann man im Umkehrschluß bei praktischen Anwendungen nicht direkt absolute Aussagen über den äußerlich noch nicht erkennbaren Korrosionszustand erhalten, aber relative Aussagen sind möglich. Man kann zumindest diejenigen Bereiche zerstörungsfrei auffinden, wo ein hochgradiger Verdacht auf versteckte Korrosion gegeben ist. Durch lediglich punktuelles Öffnen, was auf sehr wenige Stellen beschränkt bleiben kann, können dann die zerstörungsfrei erhaltenen Ergebnisse überprüft werden. So ist insgesamt zur Zeit schon ein zumindest zerstörungsarmes Korrosionsprüfen möglich. Wir rechnen damit, bald weitere Fortschritte in Richtung auf zuverlässige Korrosionsfrüherkennung bei noch mehr Zerstörungsfreiheit zu erzielen.

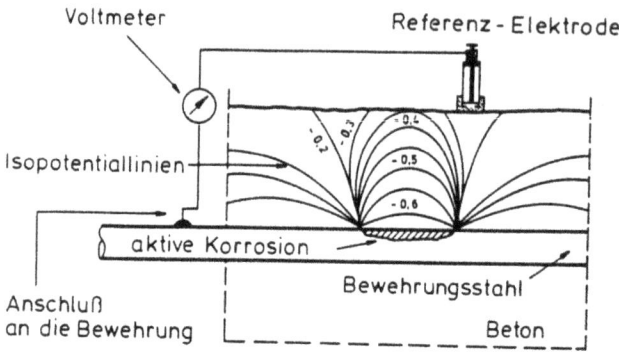

Bild 18: Prinzip der Potentialfeldmessung und Anwendungsbeispiel

Die Bilder 19 bis 21 beziehen sich auf Untersuchungen an sieben bis acht Jahre alten Stahlbetongroßkühltürmen, die vor einigen Jahren durchgeführt wurden [4]. Es wurden die derzeitigen Karbonatisierungstiefen und die vorhandenen Betondeckungen flächendeckend festgestellt. (Chloriduntersuchungen konnten entfallen, da hier nicht zutreffend, ebenso: Korrosionsuntersuchungen.) Unter anderem die Ergebnisse des Karbonatisierungszustandes bei den vorhandenen Betondeckungen führten dazu, daß diese Kühltürme vorsorglich beschichtet wurden, was heute im Kühlturmbau hierzulande üblich ist, um der Karbonatisierung Einhalt zu gebieten und den Widerstand auch gegen andere Angriffe zu ertüchtigen.

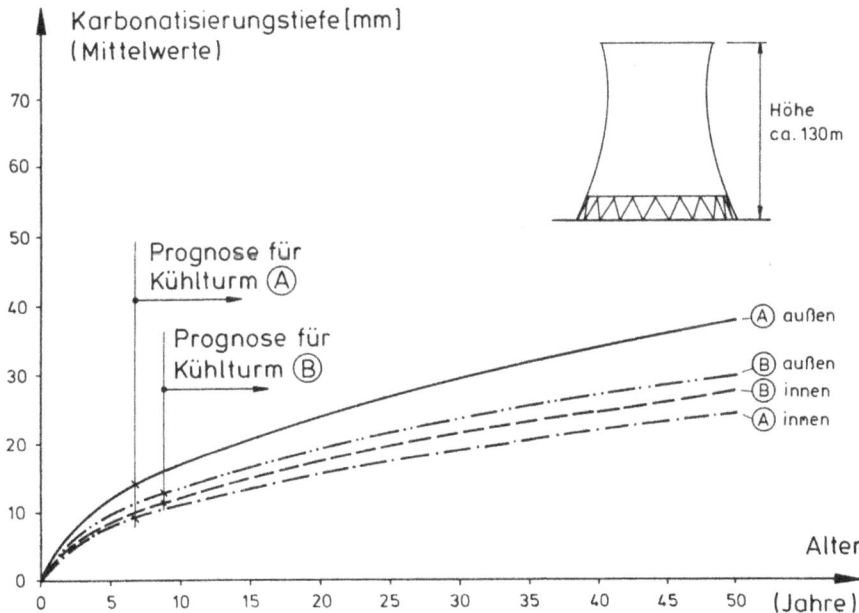

Bild 19: Prognose der Entwicklung der Karbonatisierungstiefen

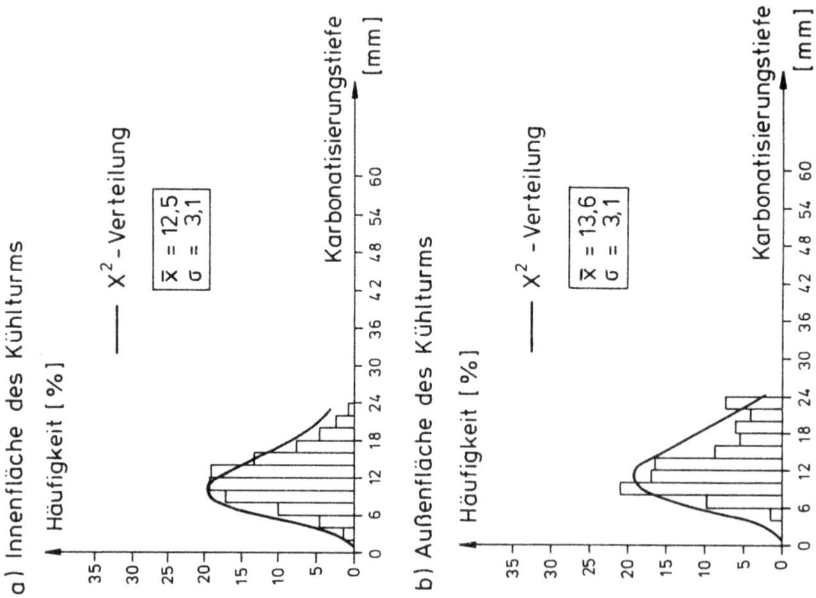

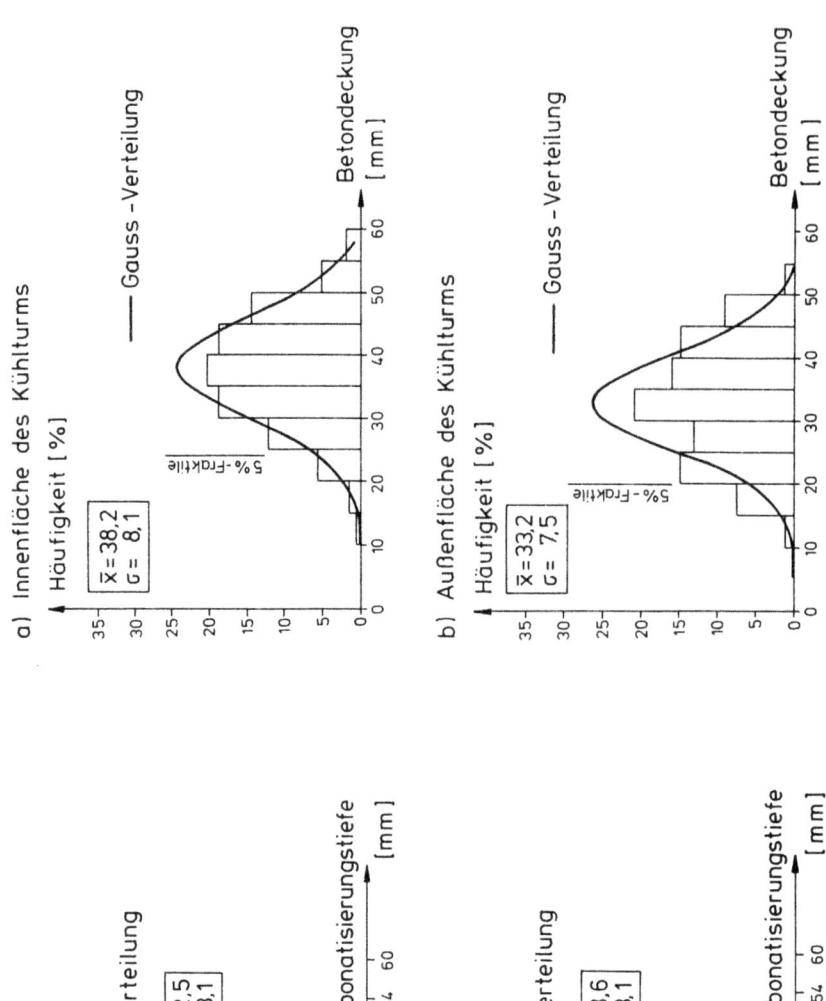

Bild 20: Verteilung der Karbonatisierungstiefen bei Kühlturm B

Bild 21: Betondeckungs-Verteilungen bei Kühlturm B

Ausblick

Es gibt zur Zeit eine Reihe von anlaufenden bzw. geplanten Forschungs- und Entwicklungsaktivitäten, die u. a. auf die Qualitätssicherung, Dauerhaftigkeit und gesicherte Leistungsfähigkeit im Stahlbetonbau abzielen. Bild 22 gibt dazu einige Schlagzeilen, die dies erkennen lassen und auch den hohen Stellenwert dieser Themen unterstreichen. Hier wird die Qualitätssicherung allerdings anders abge-

Bild 22: Qualitätssicherung (QS) innerhalb der BMFT-Förderung

BMFT - Förderschwerpunkt

"Sicherheitsforschung und -technik"

- Sicherheit und Qualitätssicherung (QS) im Bauwesen -

Sektion:

Zerstörungsfreie Prüfmethoden und QS
im Stahlbeton - und Spannbetonbau
(Koordination: DAfStb)

Sektion:

Sicherheit von Betonkonstruktionen
bei technischen Anlagen für
umweltgefährdende Stoffe
(Koordination: DAfStb)
Finanz-Volumen: ca. 10 Mio. DM

Trend: "robuste Baukonstruktionen"

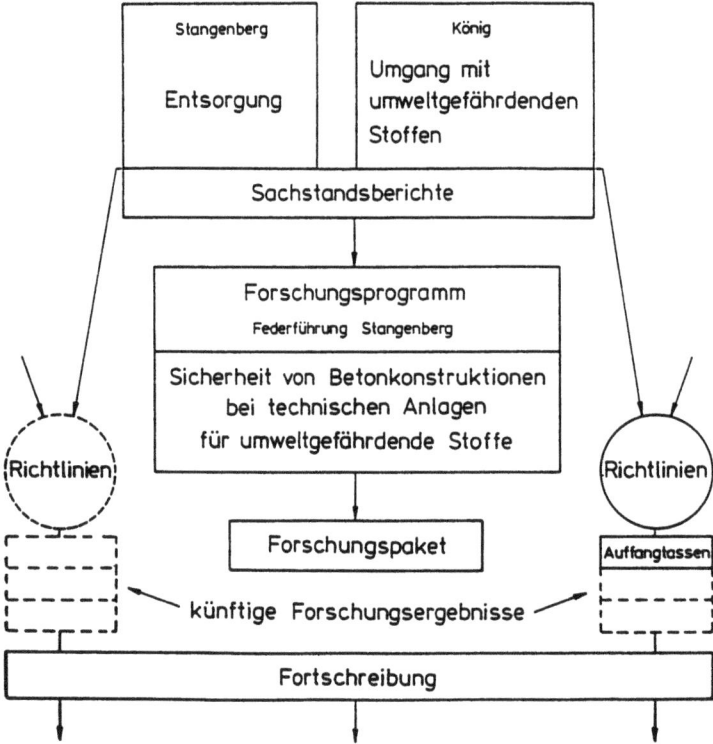

Bild 23: Vorgehen des DAfStb bezüglich Betonbau für den Umweltschutz

grenzt als in den vorstehenden Ausführungen, und die Dauerhaftigkeit erscheint in Bild 22 nicht in Klartext, ist aber selbstverständlich bei „Anlagen für umweltgefährdende Stoffe", wenn auch mit anderen, differenzierten Zielzeiträumen. Bild 23 liefert nähere inhaltliche Angaben zu dem inzwischen konzipierten BMFT-Forschungspaket „Sicherheit von Betonkonstruktionen bei technischen Anlagen für umweltgefährdende Stoffe", wo es um sichere Stahlbetonbarrieren zum

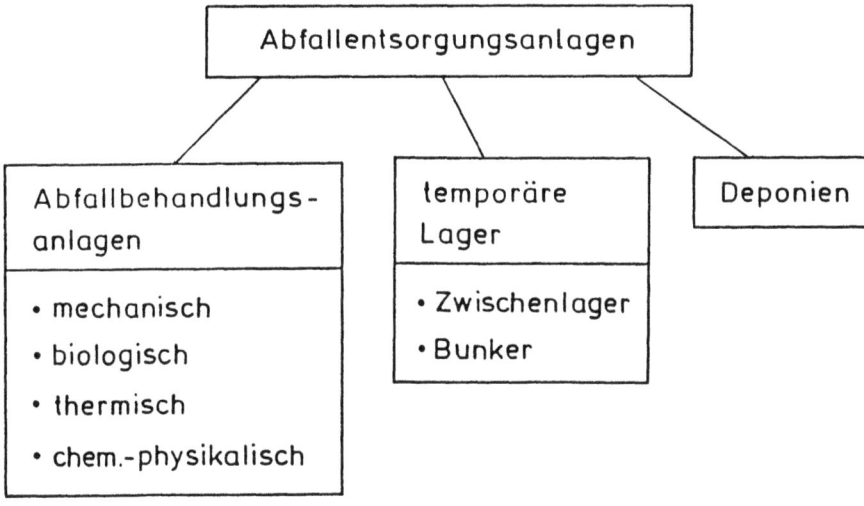

Bild 24: Übersicht Abfallentsorgungsanlagen

Schutz der Umwelt (Boden, Wasser, Luft) geht. Bild 24 geht auf den Teilbereich „Entsorgung" näher ein, der sich auf Abfallentsorgungsanlagen bezieht, im Gegensatz zu dem anderen Teilbereich „Umgang mit umweltgefährdenden Stoffen" des Bildes 23, der sich im wesentlichen auf Chemieanlagen bezieht. Die Übersicht in Bild 24 zeigt die drei Gruppen von Entsorgungsanlagen, die von ihrer zeitlichen Barrierenfunktion her unterschiedlich sind und insofern bezüglich der Dauerhaftigkeit differenziert zu betrachten sind. Die Qualitätssicherung spielt bei allen Anlagen für umweltgefährdende Stoffe und deshalb bei allen diesbezüglichen Arbeitsprogrammen eine zentrale Rolle, wie aus Bild 25 hervorgeht.

Abschließend sei zusammengefaßt, daß die Dauerhaftigkeit und die zugehörige Qualitätssicherung bei Stahlbetonbauwerken eine volkswirtschaftliche Notwendigkeit sind, denn es geht dabei um immense Bausubstanzwerte, wo allein der jährliche Unterhaltungsaufwand in Milliardenhöhe (in DM, bezogen auf die bisherige Bundesrepublik) liegt, so daß die Kosten für Wartung/Unterhaltung/Reparaturen ein bedeutendes Kriterium sind. Es ist in den weitaus meisten Fällen wirtschaftlicher und sinnvoller, von vornherein in eine verbesserte Qualitätssicherung und Dauerhaftigkeit zu investieren, als in später notwendig werdende Erhaltungsmaßnahmen. Allerdings muß das auch bei allen am Bau Beteiligten schon von der Spezifizierung der Bauaufgabe an selbstverständlich sein.

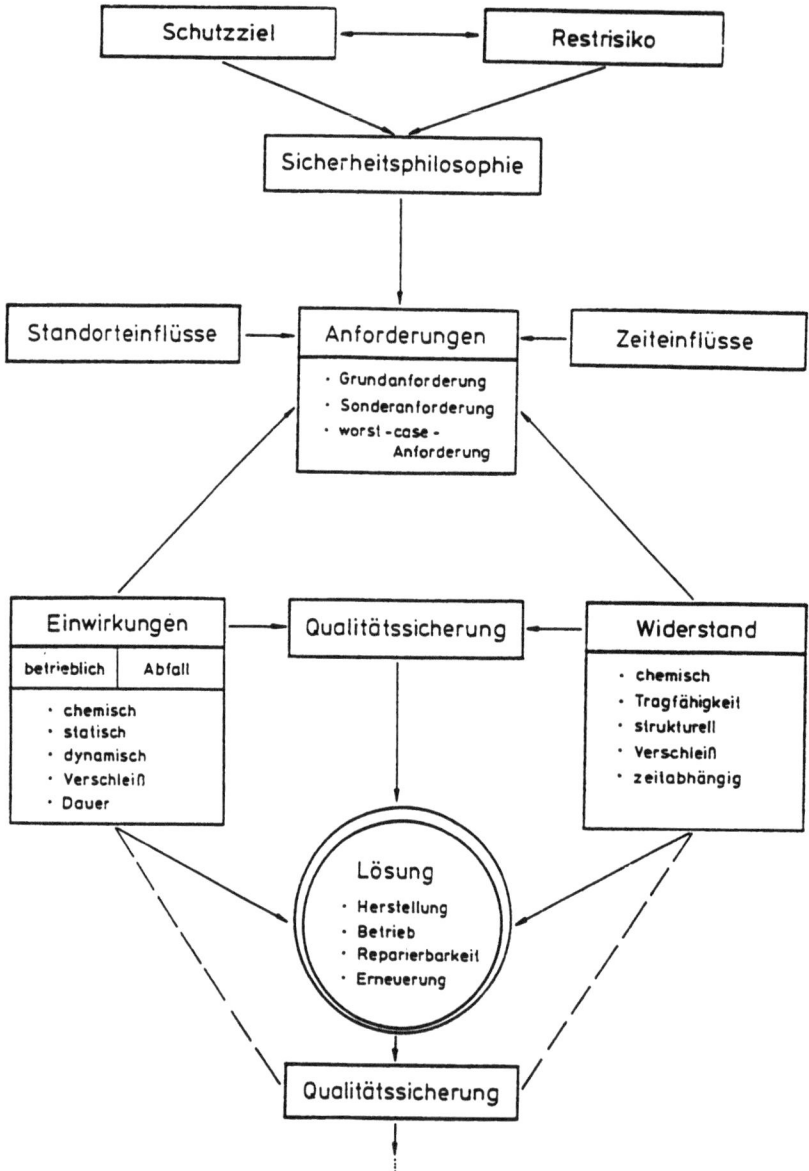

Bild 25: Qualitätssicherung bei Anlagen für umweltgefährdende Stoffe

Literatur

[1] F. STANGENBERG, H. KIEFERT: Erfahrungen bei der Qualitätskontrolle von Stahlbetonbauwerken; Beton- und Stahlbetonbau 2/1988, S. 53–58.
[2] P. SCHIESSL: Corrosion of Steel in Concrete; Chapmann & Hall, New York 1988 (Rilem Report).
[3] U. NÜRNBERGER: Korrosion und Korrosionsschutz der Bewehrung im Massivbau; DAfStb Heft 405, Beuth-Verlag Berlin 1990
[4] F. STANGENBERG: Durability-Related Experiences with Thin Reinforced Concrete Structures; IASS Symposium „Spatial Structures", Dresden/Cottbus, 10–14 September 1990, Proceedings

Diskussion

Herr Priester: Wann hat man dieses Problem eigentlich zum ersten Mal richtig erkannt? Ich denke an den Zusammenbruch der Kongreßhalle in Berlin, der sogenannten „Schwangeren Auster", im April vor zehn Jahren. Ich hatte gerade kurz vorher dort vor tausend Leuten einen Vortrag gehalten, und mir kam der Angstschweiß auf die Stirn, als ich hörte, daß dieses ganze Gebäude zusammengebrochen war. Wann hat man erkannt, daß man das qualitätssichern muß?

Herr Stangenberg: Eine Qualitätssicherung gibt es eigentlich schon sehr lange. Aber der Aspekt der Dauerhaftigkeit ist in den zurückliegenden Jahrzehnten, also vor zwanzig, dreißig Jahren vielleicht nicht ganz so ernst genommen worden, wie er eigentlich hätte genommen werden müssen.

Die „Schwangere Auster" ist aber ein Sonderfall, den man nicht als symptomatisch für die gesamte Bauweise nehmen darf. Ich habe bewußt gesagt, daß ich Spannbeton erst einmal ausgeklammert habe. Hier hat auch ein Korrosionsproblem vorgelegen, und zwar ein solches, das man bei einer Inspektion frühzeitig hätte erkennen können. Dazu kann ich nur sagen: Wenn die „Schwangere Auster" eine Spannbetonbrücke gewesen wäre, wäre es wahrscheinlich nie zu dem Einsturz gekommen, weil Brücken in regelmäßigen Abständen kontrolliert werden, und gerade Rostfahnen bedeuten ja beim Spannbeton ein höchstes Alarmzeichen.

Bei Stahlbeton ist es noch gar nicht tragisch, wenn Rost auftritt. Da hat man noch viel Zeit, etwas zu tun. Aber beim Spannbeton ist das Problem schon etwas größer. Bei der Berliner Kongreßhalle lag die Crux eigentlich auch darin, daß es noch nicht einmal richtiger Spannbeton war. Es sind lediglich Spannglieder bei einem Betonbauwerk verwendet worden, ohne daß die Spannbetonregeln angewendet wurden. Es ist also ein Bauwerk, das von der Konstruktion her ein Exot ist.

Ich muß aber noch einmal sagen, daß die Dauerhaftigkeitsproblematik eigentlich schon immer bewußt gewesen ist, nur vielleicht nicht bewußt genug. Wir haben, als Herr Professor Zerna fünfundsechzig Jahre alt wurde, nach einer Zeitschrift seines Jahrgangs geforscht. Wir haben damals in diesem Jahrgang der Zeitschriften über, wie es damals noch hieß, „Eisenbetonbau" schon das Thema Dauerhaftigkeit gefunden. Es ist also sicher so, daß man über Stahlbeton-Dauerhaftigkeit schon vor etwa einhundert Jahren nachgedacht hat, daß die Forscher schon damals vieles darüber wußten und daß verantwortungsbewußte Ingenieure auch schon eine Menge wußten. Aber man hat die Gefahr nicht so erkannt, daß man bestimmte Erfahrungsgrenzen bei den späteren Entwicklungen einhielt. Ich glaube, das ist gerade auch in den Jahren deutlich geworden, als man sich sehr auf Rechnungen verlassen hat, als in den sechziger Jahren die Computereuphorie einsetzte. Da sind diese Dinge etwas in den Hintergrund geraten und diese Gefahren eben bei diesen Baujahrgängen besonders häufig – mit dem entsprechenden Zeitversatz – aufgetreten.

Herr Goffin: Dazu noch eine Anmerkung. Qualitätssicherung hat es schon zu Zeiten des Königs Hammurabi von Babylonien und auch im Mittelalter gegeben. Damals hat man die Qualitätssicherung allerdings anders betrieben, indem man einfach harte Strafen angedroht hat. Bei Hammurabi wurde der Baumeister erschlagen, wenn etwas nicht stimmte, das war 1700 vor Christus. Für das Mittelalter führe ich das schöne Beispiel vom Petersplatz in Rom an, wo um 1600 ein großer Obelisk errichtet wurde. Auf dem Bauplatz wurde dabei gleich der Scharfrichter vorgehalten – für den Fall, daß etwas nicht funktionierte. Dementsprechend wurde damals die Qualitätssicherung mit drastischen Strafen geregelt. Heute macht man das, nachdem man alle möglichen statistischen Methoden kennt, etwas vornehmer und humaner.

Aber eines möchte ich darüber hinaus noch sagen: Wenn heute der Begriff Dauerhaftigkeit so in den Vordergrund gestellt wird, dann vielleicht auch deshalb, weil wir, wie ich einmal vorsichtig sagen möchte, auch negative Begleiterscheinungen unserer Weiterentwicklung der Bautechnik feststellen müssen, und zwar dadurch, daß wir unsere Technologien immer mehr verfeinert haben. Sie haben in diesem Zusammenhang das Stichwort robustes Bauen erwähnt. Wir haben früher schlicht und einfach robuster gebaut. Wir nutzen heute alle Reserven aus, und wir wissen natürlich auch mehr, gerade in der Betontechnik. Wir haben Betonzusatzstoffe, wir haben höhere Zementfestigkeiten, wir wissen mehr über die Einflüsse aus der Zusammensetzung von Beton, aber wir nutzen natürlich alle diese Reserven so weit aus, um möglichst wirtschaftlich zu bauen. Hinzu kommt noch die Trennung der Verantwortungsbereiche bei der Bauausführung: Transportbeton, Baustelle.

Alle diese Einflüsse – und damit möchte ich meine Gedanken zusammenfassen – haben natürlich die Ausführung anfälliger gegenüber mangelnder Sorgfalt gemacht, und dadurch treten heute eben solche Schäden zutage. Herr Stangenberg hat es mit dem Stichwort robustes Bauen gezeigt: Auf einmal erkennen wir, daß wir gerne robust bauen wollen, also nicht so empfindlich und ausgereizt; wir haben nämlich negative Erfahrungen mit den ausgereizten Technologien gemacht.

Darin sehe ich eine Einbuße hinsichtlich Qualität, die uns diesbezüglich zum Umdenken veranlaßt.

Herr Stangenberg, zur Betoninstandsetzung muß ich natürlich einen kleinen Einwand machen. Sie sagten hinsichtlich Dauerhaftigkeit etwas von fünf Jahren bei Betoninstandsetzungen.

Herr Stangenberg: Nein, ich habe nur von den Garantien gesprochen, die offiziell gegeben werden. Meist sind die Garantiezeiten, die man zur Zeit bekommen kann, nicht länger als fünf Jahre, was nicht ausschließt, daß tatsächlich eine Dauerhaftigkeit von mehreren Jahrzehnten erreicht wird.

Herr Goffin: Das liegt natürlich daran, daß es bisher noch keine Richtlinie des Deutschen Ausschusses für Stahlbeton für solche Arbeiten gab. Aber ab nächsten Monat gibt es eine solche Richtlinie, in der steht, wie man es machen muß, und ich glaube, dann wird die ganze Angelegenheit Schutz und Instandsetzung auch qualitativ wesentlich besser werden.

Herr Stangenberg: Es ist natürlich so, daß man Instandsetzungen machen kann, die sehr dauerhaft sind, die aber auch sehr aufwendig sind, die zunächst einmal eine gründliche Analyse voraussetzen, die sehr aufwendige, manchmal auch tiefgreifende Maßnahmen voraussetzen. Dann kommen wir natürlich zu dauerhaften Instandsetzungen auf Jahrzehnte. Es gibt aber auch viele Instandsetzungen, die nur oberflächlich gemacht werden. Solche Instandsetzungen werden vielfach angeboten. Dabei handelt es sich manchmal nur um bessere Anstriche. Derartiges kann natürlich nicht lange wirken. Man spricht heute zuweilen ja schon von „Kaputtsanieren", wenn man die falschen Leute beauftragt, die dann – etwa durch zerstörende Eingriffe in den Deckungsbeton – mehr kaputt - als heilmachen.

Ich will nur darauf hinweisen, daß das Instandsetzen natürlich in den richtigen Händen liegen muß. Der Deutsche Ausschuß für Stahlbeton hat sich der Sache jetzt angenommen und sie so geregelt, daß sie wirklich in den richtigen Händen liegt. In dem Punkt stimmen wir also sicher voll überein.

Vielleicht noch eine Kuriosität am Rande. Ich hatte einmal einen Fall, in dem jemand eine Instandsetzung wünschte und ein Urteil dazu haben wollte, ob er nun dies oder das nehmen soll. Ich sagte ihm: Wenn Sie Variante A nehmen, dann haben Sie vielleicht zwanzig Jahre Ruhe, aber das kostet einiges; wenn Sie Variante B nehmen, dann hält das vielleicht nur fünf Jahre, aber es ist sehr viel billiger. Darauf sagte er: Machen Sie etwas für sieben Jahre; ich bin noch sieben Jahre im Amt. Dies nur als Kuriosität am Rande, was aber zeigt, daß das Zeitproblem und das Kostenproblem hier eine große Rolle spielen.

Herr Batzel: Könnten die Behandlung des Stahls auf eine größere Korrosionsbeständigkeit oder aber der Schutz der Betonoberfläche wirtschaftlich diskutable Lösungen sein?

Herr Stangenberg: Ich beginne einmal mit dem letzteren. Betonoberflächenschutz wird ja zum Beispiel bei den Kühltürmen gemacht, und da hat man bisher auch gute Ergebnisse. Auch da können wir nur sagen: Die Erfahrungen – wir haben zehn Jahre Erfahrungen – sind gut oder im großen und ganzen gut. Man kann also mit den richtigen Beschichtungen einiges erreichen. Noch besser ist es natürlich – das habe ich ja wohl auch deutlich gemacht –, von vornherein gleich die richtige Betonqualität zu wählen. Das ist die allerbeste Maßnahme. Beim Kühlturm handelt es sich insofern um einen Sonderfall, als der Kühlturm seine Betondeckung nicht noch weiter vergrößern kann. Die Schalen leben davon, daß sie dünn bleiben müssen, und in solchen Sonderfällen, in denen es ja auch sehr viele chemische Angriffe gibt, ist man darauf angewiesen, daß man beschichtet. Mit Beschichtungen kann man also eine ganze Menge machen. Manchmal gibt es auch Beschichtungen, die nur temporär wirken, oder Tränkungen, die man dann wiederholen muß. Es gibt also schon eine ganze Menge von Möglichkeiten.

Dann sprachen Sie davon, daß man Bewehrungsstähle schützen könnte. Auch das ist ein Gedanke, der schon längst aufgegriffen worden ist. Auch da würde ich jedoch sagen: Die beste Lösung ist sicherlich, alles das zu beachten, was ich darzulegen versucht habe: einen guten, dichten, alkalischen und genügend dicken qualitätsgesicherten Deckungsbeton zu machen. Dann brauchen Sie über all das nicht nachzudenken.

Es gibt aber, wie gesagt, auch die Linie, daß man kunstoffbeschichtete Stähle auf den Markt bringen möchte. In den USA ist das teilweise schon der Fall. Das hat aber auch seine Tücken; denn das bedeutet, daß sich unsere Baustellen gewaltig umstellen müßten. Diese Stähle dürften nämlich nur mit Glacé-Handschuhen angefaßt werden, dürften nicht verkratzt werden, es darf niemand drauftreten, und das muß man auf einer Baustelle erst einmal durchsetzen. Auch die Aufbiegungen, die man vornehmen muß, um die Stähle verlegen zu können, müssen kratzfrei erfolgen. Das hat also schon seine Tücken, und man hat nicht nur gute Erfahrungen damit. Es gibt sicher einige Laborbeispiele, wo das wunderschön funktioniert, aber ob das in der Alltagspraxis das Rezept ist, weiß ich nicht. Ich persönlich glaube nicht daran, und in Deutschland ist man damit auch sehr zögerlich. Es gibt sicherlich den einen oder anderen, der das vertritt, aber die Mehrheit der Fachleute geht diesen Weg nicht.

Herr Korte: Sie haben uns im wesentlichen zwei Schädigungen der Bewehrung von außen vorgestellt. Ich kann nur eine laienhafte Frage nach einer dritten Schädigungsmöglichkeit stellen: Wie ist es mit der normalen Durchnässung durch Regen? Ich sage Ihnen auch, warum ich diese Frage stelle. Ich wohne in der Nähe von Bonn und fahre jeden Tag zweimal auf eine Sichtbetonkirche von Gottfried Böhm zu, und wenn es geregnet hat, dann bildet sich ein sonderbares Phänomen an dem Sichtbeton: Große Teile trocknen sofort ab, und gewisse Teile behalten eine dauerhafte Feuchtigkeit über fünf, sechs bis zu zehn Tagen. Durch das unterschiedliche Austrocknen entsteht eine Art Landkarte auf dem Sichtbeton. Wenn ich das sehe, frage ich mich immer, was das für einen Grund haben kann. Sind das auch Schädigungsmöglichkeiten?

Herr Stangenberg: Das müssen keine Schädigungen im Sinne der Dauerhaftigkeit sein. Das könnte ein Hinweis darauf sein, daß die Porosität des Betons sehr groß ist, daß er also sehr viel Wasser leicht aufnimmt, und zwar auch in größeren Tiefen. Das wäre kein gutes Zeichen. Ich habe ja deutlich gemacht, daß eine hohe Durchlässigkeit die Karbonatisierung fördern kann und daß auch andere aggressive Stoffe – ich habe sie nicht alle behandeln können –, zum Beispiel Schwefeloxid und so weiter, dort eindringen. Bleibende Durchnässung kann man ja als hochgradige Porosität deuten. Ansonsten ist das eigentlich kein Problem. Durchschlagende Feuchtigkeit zum Beispiel auf der Innenseite, wenn da irgend etwas zu durchlässig ist, ist sicherlich kein guter Effekt. Aber das sind keine Dauerhaftigkeitsfragen in dem Sinne. Ich habe ja deutlich gemacht, daß das Eindringen von CO_2, das Eindringen von Sauerstoff und von Feuchtigkeit erforderlich ist, um Korrosion zu erzeugen. Wenn also der Korrosionsschutz nicht mehr gegeben sein sollte und die Durchnässung wechselnd stattfindet, ist auch der Transport nach innen hin und damit die Dauerhaftigkeitsgefährdung um so größer. Das können also schon Sekundärhinweise sein. Aber direkt ist Durchnässung erst einmal kein Problem. Stahlbeton kann naß oder trocken sein; das macht ihm nichts.

Herr Staufenbiel: Mich wundert etwas, daß Sie die Beschädigung nur von der Oberfläche her in Rechnung stellen. An sich sagten Sie ja, daß das Material porös ist, die Feuchtigkeit und die Chloride gingen auch sehr weit durch und wären im gesamten Material. Warum erfolgt denn nicht schon über Kohlendioxid eine Änderung des ph-Wertes ganz durch das Material hindurch?

Herr Stangenberg: Sie müssen sich das wie eine Art Hindernislauf vorstellen. Das eindringende Gas CO_2 muß eine gewisse Eindringtiefe erreichen. Je tiefer es eindringt, um so größer werden die Hindernisse, die zu überwinden sind. Die vorn liegende Alkalität fängt schon die eindringenden Stoffe ab, und insofern ist ein längerer Weg schwerer zu durchlaufen als ein kurzer Weg. Die Karbonatisierung beginnt also immer von außen her. Wir wissen zwar nicht genau, ob sie sich wirklich stabilisiert. Wir wissen nur, daß in den achtzig, neunzig oder hundert Jahren, auf die es uns ankommt, die Karbonatisierung nicht größere Tiefen erreichen kann als einige Zentimeter, sage ich einmal pauschal, und das können wir in gewissen Grenzen steuern. Wenn Sie natürlich tausend Jahre warten würden, könnte es durchaus sein, daß die Karbonatisierung auch größere Tiefen erreicht. Aber das ist für uns nicht mehr relevant. Wir denken in Zeiträumen von ungefähr einhundert Jahren, achtzig Jahren oder manchmal auch weniger Jahren. Das sind die Lebensdauern, an die wir denken.

Herr Staufenbiel: Es ist also dann kein Gas im Inneren?

Herr Stangenberg: Selbst wenn CO_2 weiter durchdringt, kann es sich ja nicht mehr um sehr viel CO_2 handeln. Dem steht aber ein höheres Angebot an Alkalität entgegen, so daß diejenigen Teilchen, die alle Hindernisse schaffen, von der Zahl her immer weniger werden und wir im Grunde eine gewisse Front der Karbonatisierung haben. Die Karbonatisierung ist ja auch keine scharf gezogene Front, wie ich vorhin deutlich zu machen versucht habe. Das bedeutet nur, daß der pH-Wert, der bei einem guten Beton in der Gegend von etwa 11 oder 12 liegt, unter 9,3 abfällt. Wir werden also durchaus auch Schichten haben, wo der pH-Wert schon merklich von 12 auf 11 oder 10 abgefallen ist. Das ist aber noch keine kritische Minderung. Die Minderung des pH-Wertes wird erst kritisch, wenn wir im Bereich von 9,3 liegen. Dann ist nicht mehr genügend basische Reserve vorhanden, und dies wird in größeren Tiefen erst nach weit mehr als den hier relevanten Jahren (mehrere Jahrzente bzw. Größenordnung eines Jahrhunderts) erreicht.

Herr Kneller: Ich habe einige Fragen, die ich vielleicht hintereinander stellen darf. Die erste Frage: Was weiß man über die Haftung von Oxiden auf Stahl, d. h. über die Haftung des Betons auf dem Stahl?

Herr Stangenberg: Meinen Sie jetzt den Verbund?

Herr Kneller: Ja. Der beruht doch darauf, daß Oxid auf dem Stahl ist; denn das Metall können Sie ja schlecht mit einem artfremden Oxid verbinden.

Herr Stangenberg: Auch ein blanker Stahl, insbesondere gerippter Stahl, geht einen guten Verbund mit dem Beton ein. Aber ein leicht ankorrodierter Stahl unterstützt den Verbund, wenn Sie das meinen. Es darf nur kein dickschichtiger Rost sein, der dann schon Blattform annimmt. Das ist dann nicht mehr gut. Aber ein leichter Rost ist sogar verbundunterstützend. Wir müssen unterscheiden:

Wenn wir einen leicht angerosteten Bewehrungsstahl einbauen, ist das kein Problem. Wenn wir diesen Bewehrungsstahl anschließend freilegen würden, würde er gar keinen Rost mehr zeigen, weil die Alkalität den Rost mehr oder weniger wieder aufhebt. Der Rost, den ich in meinem Vortrag angesprochen habe, ist mehr der Rost, der erst später nach soundsoviel Jahren entstehen kann, wenn eben die Porosität zu groß war, die Betondeckungsdicke nicht genügend dick, wenn also durch Einflüsse von außen her der Stahl, der ja zunächst geschützt war, erst in einen rostigen Zustand versetzt wird. Das ist dann ein anderer Prozeß, der mit dem ursprünglichen Herstellungsprozeß eigentlich gar nichts mehr zu tun hat.

Herr Goffin: Das Oxid brauchen wir nicht, um eine gute Haftung zu bekommen.

Herr Stangenberg: Aber es schadet uns nicht.

Herr Goffin: Gerade bei den beschichteten Stählen spielt sich hinsichtlich Haftung nichts ab, da haben wir ganz glatte Oberfläche. Deswegen werden die Stähle profiliert. Wir verwenden Betonrippenstähle, bei denen Verbund im wesentlichen durch die Rippung bewirkt wird. Bei Betonstahlmatten wird der Verbund natürlich auch durch die Querstäbe bewirkt. Ich möchte also ausdrücklich dem Eindruck entgegentreten, daß wir den Rost für die vernünftige Haftung des Betonstahls benötigen.

Herr Stangenberg: Ich hoffe, damit ist klargeworden: Wir brauchen den Rost nicht, aber er schadet uns auch nicht, solange es sich lediglich um Anrost bei einzubauenden Betonstählen handelt.

Herr Kneller: Meine nächste Frage: Sie haben die Dickenmessungen der Deckschichten mit magnetischen Geräten durchgeführt. Das ist doch sehr problematisch.

Herr Stangenberg: Das habe ich auch angedeutet. Mit Magnetfeldern messen wir natürlich nur Störungen im Magnetfeld. Hier sind es die Störungen, die von den Stahlstäben ausgelöst werden. Solche Störungen werden umso stärker registriert, je näher die Stäbe zum Meßgerät liegen. Im allgemeinen kennen wir ja die Stäbe. Wenn wir die Konstruktionszeichnungen von bestehenden Bauten haben, kennen wir die Art der Stäbe, die verlegt sind, wir kennen die Durchmesser, kennen das Verlege-Raster. Diese Unbekannten haben wir also nicht. Es geht nur um den zu messenden Abstand der bekannten Stahlstäbe von dem Meßpunkt. Deshalb ist es schon möglich, durch den Beton hindurch die Tiefenlage der Stahlstäbe zu messen – allerdings mit gewissen Einschränkungen. Wir müssen die Geräte immer wieder nacheichen, weil einfach auch hier die Feuchtigkeit und andere Einflüsse hineinspielen. Gerade bei elektrischen Vorgängen ist das ja immer von großer Bedeutung. Diese Meßgeräte sind empfindlich. Vor allen Dingen dann, wenn es sich um dünne, entfernt liegende Stäbe handelt, die Störungen im Magnetfeld klein sind, sind die Aussagen nicht mehr so präzise wie bei dicken Stäben, die sehr nah liegen.

Herr Kneller: Die magnetische Messung ist für quantitative Messungen – das ist völlig klar – sehr problematisch. Aber was ist denn mit Ultraschall? Sie haben doch eine sehr unterschiedliche Dichte zwischen Beton – etwa 2,7 – und Stahl – 7,8 –.

Herr Stangenberg: Mit Ultraschall hat man sicherlich gute Erfahrungen im Stahlbereich, wenn man nur mit Stahl zu tun hat, um Risse im Stahl zu finden. Bei Beton ist es nun einmal so, daß er ein sehr inhomogenes Gefüge hat, einmal vom Aufbau an sich her, zum anderen durch die einliegende Bewehrung und auch durch die feinen Risse, die sich hier und dort bilden können, so daß wir eigentlich immer ein sehr wirres Bild bekommen, wenn wir Ultraschall einsetzen. Ultraschall gibt meistens nur dann einen Sinn, wenn wir Vergleiche machen. Angenommen, ich habe vorgestern gemessen und messe morgen wieder, um eine Veränderung gegenüber vorgestern festzustellen. Wenn ich also das Bild von vorgestern festgehalten habe und sehe später noch einmal, was sich verändert hat, dann kann ich vielleicht etwas daraus ablesen. Aber an sich ist der Beton einfach zu inhomogen und auch so in sich geklüftet, muß man sagen – es gibt Hohlräume darin, es gibt feine Risse darin –, daß die Ultraschallmessung zwar durchaus anwendbar ist, aber kaum für solche Dinge wie hier eingesetzt wird.

Herr Kneller: Und jetzt noch meine letzte Frage: Die Potentialfeldmessungen erinnern ja ein wenig an die Wünschelrute, die wohl auch auf elektrischen Feldern beruht, die man durch elektrische Inhomogenitäten bekommt. Aber hängen diese Messungen denn nicht sehr stark von der Feuchtigkeit ab?

Herr Stangenberg: Das ist richtig.

Herr Kneller: Sie bekommen also zum Beispiel im Winter ganz andere Ergebnisse als im Sommer?

Herr Stangenberg: Ja, das ist ganz klar. Sie können auch an der gleichen Wand – es wurde ja vorhin schon gesagt, daß Stellen am gleichen Bauwerk unterschiedlich feucht sind – einen Meter weiter von rechts nach links eine andere Feuchtigkeit haben, so daß Sie da also sehr unterschiedliche Werte bekommen. Insofern lassen die absoluten Werte, die wir dort messen – das wollte ich damit auch sagen – eigentlich noch keine direkte Aussage zu. Wenn der Verdacht auf Korrosion besonders groß ist, liegt der Vorteil dieser Methode im Augenblick darin, daß wir dann die Überprüfung durch lokale Zerstörung auf ganz wenige Punkte beschränken können, nämlich auf diese verdächtigen Stellen. Wenn wir diese Methode nicht hätten, müßten wir sehr viel mehr Öffnungen machen, also lokale Zerstörungen vornehmen, um festzustellen, wo schon Korrosion vorhanden ist.

Herr Kneller: Messen Sie mit Wechselfeldern oder mit Gleichfeldern?

Herr Stangenberg: Das sind Gleichfelder. Ich hatte schon gesagt, daß wir auf diesem Felde mit Physikern und Chemikern zusammenarbeiten. Damit sind wir auch gut beraten, weil diese Problematik den Horizont des Bauingenieurs übersteigt. Die Fragen, die wir haben, lassen wir uns dann von den Kollegen entsprechend erläutern. Wir wissen, daß es auf die Feuchtigkeit ankommt, wir wissen, daß es auf bestimmte Dinge ankommt, und wir wissen auch, daß eben diese Werte keinen absoluten Hinweis geben können, wohl aber qualitative Hinweise. Das ist schon einmal eine ganze Menge.

Herr Jaenicke: Sie haben den Begriff Antikörper für die Säurebinder benutzt. Ist das ein Begriff, den Sie unseretwegen, der Laien wegen benutzt haben? Oder ist das ein Begriff, den die Ingenieure tatsächlich benutzen? Ich finde ihn nicht sehr glücklich.

Herr Stangenberg: Es ist kein Fachausdruck. Ich habe ihn nur als Saloppausdruck benutzt.

Herr Laube: Ich habe jetzt relativ viel über Qualitätssicherung durch Kontrolle gehört, aber ich vermisse eigentlich die Planungs- und Lenkungsphase. Wie stellen Sie sich das vor? Wie kann man das in das Regelwerk einbringen? Haben Sie da eine Modellvorstellung?

Herr Stangenberg: Zur Planungs- und Lenkungsphase habe ich ja auch ein Beispiel gezeigt. Das Thema Vorhaltemaß ist ja ein Beispiel, das in den Richtlinien steht und insofern auch in den Planungs- und Lenkungsbereich hineingehört. Lenkungsbereich wäre dann ja auch, zum Beispiel vor dem Betonieren zu überprüfen, wie weit die Abstandhalter ihre Aufgabe wahrnehmen können und so weiter.
Ich muß dazu folgendes sagen: Hier sind natürlich auch die Baufirmen selbst gefordert, und man muß hier die Initiative den Baufirmen überlassen. Die Firmen

haben hausinterne Qualitätssicherungssysteme – ich glaube, das klang auch kurz an. Die Initiative muß einfach von daher kommen.

Die Kontrollmaßnahmen, die man von anderer Seite vornimmt, können mehr oder weniger nur die Ergebnisse überprüfen. Das andere muß man schon über die Verträge regeln, zum Beispiel über Maßnahmenspezifikationen. Von der deutschen Bundesbahn zum Beispiel weiß ich, daß alle schlechten Erfahrungen, die da irgendwo einmal, zum Beispiel mit Abstandhaltern, aufgetaucht sind, beim nächsten Auftrag sofort in die Spezifikationen einfließen. Da werden also diese Erfahrungen gleich ins Kleingedruckte übernommen und werden Vertragsbestandteil. Dann muß die ausführende Firma mit ihrem eigenen Qualitätssicherungssystem dafür sorgen, dem entgegenzuwirken. Ich meine, das ist ein guter Weg.

Herr Laube: Ja, das wäre ein guter Weg.

Herr Goffin: Weil Sie fragten, wie man das in Regeln unterbringt: Ein Ansatz ist zweifellos zum Beispiel in der DIN-ISO 9000 ff. zu finden.

Herr Laube: Die ist aber sehr allgemein gefaßt.

Herr Goffin: Ja, sicher. Aber da ist bereits der Ansatz. Man überlegt auch, die DIN-ISO 9000 ff. – Qualitätssicherung – auch in die EG-Bauproduktenrichtlinie mit einzubauen, weil man sich völlig klar darüber ist, daß Kontrolle allein noch nicht Qualitätssicherung bedeutet. Aber das ist im Moment erst im Werden. Zur Zeit sind Qualitätssicherungssysteme tatsächlich eine Angelegenheit zwischen Bauherrn, Planern, Ausführenden und Subunternehmern. Dort spielt sich das auf vertraglicher Grundlage ab.

Herr Laube: Der private Bauherr hat nicht die Erfahrung.

Herr Staufenbiel: Sie haben die Ursachen für das Dilemma ein wenig auf verfeinerte Rechenverfahren zurückgeführt. Wenn ich hier das Schlagwort robustes Bauen höre, und wenn man auch noch drakonische Maßnahmen einführt, dann wird doch die Folge sein, daß man aus Angst schwerer baut, teurer baut. Meine Frage ist: Wie weit hat man denn überlegt, daß bestimmte Bauweisen zweckmäßig oder unzweckmäßig sind, Schalenbauweisen zum Beispiel, die auf dünne Wandstärken hinausgehen?

Herr Stangenberg: Das ist eigentlich kein Problem. Die dünne Wandstärke an sich ist noch kein unrobustes Bauen. Isler zum Beispiel, einer der großen Schalenbauer in der Schweiz, hat bisher, wie ich gerade gehört habe, nie Probleme mit seinen Schalen gehabt, weil er einfach dafür sorgt, daß alle seine Schalen Druckmembranzustände haben. Wenn es Biegezustände sind, werden die Schalen sorgfältig bewehrt. Er sorgt also dafür, daß die Porosität durch Risse und so weiter auf jeden Fall minimiert wird, und er hat nie Probleme mit der Dauerhaftigkeit gehabt.

Das dünne Bauen an sich ist nicht gestorben, sondern wir müssen das vielleicht folgendermaßen sehen: Robustes Bauen heißt, daß sich der planende Ingenieur auch überlegen muß, daß er sich bei den Nachweisen Gedanken darüber machen muß, was seiner Konstruktion geschieht, wenn seine Annahmen um ein Delta nach rechts oder nach links abweichen. Die feine Berechnung ist damit also längst nicht gestorben, sondern die feine Berechnung muß nur erweitert werden um diesen Bereich, indem man auch die Fehlerempfindlichkeit selbst mit in die Berechnung aufnimmt. Wenn er dann durch eine noch feinere Berechnung sicherstellt, daß seine Konstruktion gegen solche Abweichungen sich nachweisbar gut verhält, dann ist die Rechnung noch weiter emporgetrieben und trotzdem robust gebaut worden.

Das ist also kein Widerspruch, und wir fallen damit nicht ins Mittelalter zurück, wollte ich damit dagen, sondern wir marschieren nach vorne und stellen nur sicher, daß sich die Konstruktion gegen Abweichungen gut verhält. Dabei muß man die Toleranzen in Kauf nehmen, die es im Bau nun einmal gibt. Es hat keinen Sinn, eine Baustelle mit Millimetergenauigkeiten zu überfordern, wenn wir doch wissen, daß eine Baustelle eben nur auf den Zentimeter oder manchmal auch nur auf zwei Zentimeter genau arbeiten kann, je nach dem, um welche Fertigung es sich handelt. Das muß der planende Ingenieur einfach in seine Rechnung einbeziehen, und das muß einfach mit nachgewiesen werden. Dann wird eben genauso aufwendig gerechnet wie in den letzten Jahren oder vielleicht sogar noch etwas aufwendiger. Die Rechnung entwickelt sich weiter fort, aber wir stellen dabei sicher, daß unser Bauwerk robust ist.

Zum robusten Stahlbetonbau gehört auch eine weitgehende Beschränkung von oft nicht vermeidbaren oberflächennahen Rissen. Dies ist heute sehr penibel geregelt und stellt sicher, daß die Durchlässigkeit in gerissenen Bereichen nicht nennenswert größer ist als die aufgrund der Porosität in ungerissenen Bereichen.

Von der Forderung nach einer gewissen Mindestbetondeckungsquantität kann man teilweise etwas zurückgehen, wenn man den Beton genügend dicht macht, wenn man also einen oberflächennachbehandelten, mit gutem Wasserzementwert ausgestatteten, mit entsprechenden Kornabstufungen versehenen, gut verdichteten Beton hat. Das sind ja die Maßnahmen, die wir vornehmen, um einen dichten, nicht zu porösen Beton zu erhalten.

Auch die Mindestzementgehalte sind gemäß den Robustheitsanforderungen geregelt.

Herr Goffin: Noch einmal zum robusten Bauen, weil Sie sagten, wir müßten zum Beispiel wieder mehr Zement zugeben; das ist nicht der Punkt. Ich habe gewisse Befürchtungen, daß das „robuste Bauen" auch unter Tendenzen der Harmonisierung unserer ganzen Vorschriften im Rahmen des Zusammenwachsens der europäischen Länder beziehungsweise Märkte leidet. Ich möchte dies zugleich als Beispiel dafür nehmen, was Einfluß auf robustes Bauen hat:

Wir werden bald wer weiß wieviel Sorten Zement auf dem Markt haben. Ich weiß nicht, wieviel Sorten es sind, aber es werden sicherlich zwanzig oder fünfundzwanzig, weil wir beispielsweise auch griechische und sonstige bei uns nicht gebräuchliche Zemente mit hineinnehmen müssen. Wir werden unter Umständen bald zehn Betonstahlsorten auf dem Markt haben, mit denen wir rechnen müssen.

Bedenken Sie dabei einmal, welchen Einfluß diese Sortenvielfalt, die auf der Baustelle doch niemand mehr auseinanderhalten kann, auf die Anfälligkeit unseres Bauens haben wird. Das ist der Einfluß, von dem ich sagte: Die Anfälligkeit ausgereizter Technik gegenüber mangelnder Sorgfalt, und hierin liegt auch eine wesentliche Komponente.

Robustes Bauen ist sehr, sehr vielfältig, und ich plädiere immer dafür, Baustoff-Sorten zu beschränken. Eine Beschränkung auf drei oder vier Betonstahlsorten würde durchaus schon einen Beitrag zum robusten Bauen liefern.

Herr Stangenberg: Das ist völlig richtig.

Veröffentlichungen
der Rheinisch-Westfälischen Akademie der Wissenschaften

Neuerscheinungen 1986 bis 1992

Vorträge N
Heft Nr.

NATUR-, INGENIEUR- UND
WIRTSCHAFTSWISSENSCHAFTEN

344	Marianne Baudler, Köln	Aktuelle Entwicklungstendenzen in der Phosphorchemie
	Ludwig von Bogdandy, Duisburg	Kontrolle von umweltsensitiven Schadstoffen bei der Verarbeitung von Steinkohle
345	Stefan Hildebrandt, Bonn	Variationsrechnung heute
346	3. Akademie-Forum	Umweltbelastung und Gesellschaft – Luft – Boden – Technik
	Hermann Flohn, Bonn	Belastung der Atmosphäre – Treibhauseffekt – Klimawandel?
	Dieter H. Ehhalt, Jülich	Chemische Umwandlungen in der Atmosphäre
	Fritz Führ u. a., Jülich	Belastung des Bodens durch lufteingetragene Schadstoffe und das Schicksal organischer Verbindungen im Boden
	Wolfgang Kluxen, Bonn	Ökologische Moral in einer technischen Kultur
	Franz Josef Dreyhaupt, Düsseldorf	Tendenzen der Emissionsentwicklung aus stationären Quellen der Luftverunreinigung
	Franz Pischinger, Aachen	Straßenverkehr und Luftreinhaltung – Stand und Möglichkeiten der Technik
347	Hubert Ziegler, München	Pflanzenphysiologische Aspekte der Waldschäden
	Paul J. Crutzen, Mainz	Globale Aspekte der atmosphärischen Chemie: Natürliche und anthropogene Einflüsse
348	Horst Albach, Bonn	Empirische Theorie der Unternehmensentwicklung
349	Günter Spur, Berlin	Fortgeschrittene Produktionssysteme im Wandel der Arbeitswelt
	Friedrich Eichhorn, Aachen	Industrieroboter in der Schweißtechnik
350	Heinrich Holzner, Wien	Hormonelle Einflüsse bei gynäkologischen Tumoren
351	4. Akademie-Forum	Die Sicherheit technischer Systeme
	Rolf Staufenbiel, Aachen	Die Sicherheit im Luftverkehr
	Ernst Fiala, Wolfsburg	Verkehrssicherheit – Stand und Möglichkeiten
	Niklas Luhmann, Bielefeld	Sicherheit und Risiko aus der Sicht der Sozialwissenschaften
	Otto Pöggeler, Bochum	Die Ethik vor der Zukunftsperspektive
	Axel Lippert, Leverkusen	Sicherheitsfragen in der Chemieindustrie
	Rudolf Schulten, Aachen	Die Sicherheit von nuklearen Systemen
	Reimer Schmidt, Aachen	Juristische und versicherungstechnische Aspekte
352	Sven Effert, Aachen	Neue Wege der Therapie des akuten Herzinfarktes
		Jahresfeier am 7. Mai 1986
353	Alarich Weiss, Darmstadt	Struktur und physikalische Eigenschaften metallorganischer Verbindungen
	Helmut Wenzl, Jülich	Kristallzuchtforschung
354	Hans Helmut Kornhuber, Ulm	Gehirn und geistige Leistung: Plastizität, Übung, Motivation
	Hubert Markl, Konstanz	Soziale Systeme als kognitive Systeme
355	Max Georg Huber, Bonn	Quarks – der Stoff aus dem Atomkerne aufgebaut sind?
	Fritz G. Parak, Münster	Dynamische Vorgänge in Proteinen
356	Walter Eversheim, Aachen	Neue Technologien – Konsequenzen für Wirtschaft, Gesellschaft und Bildungssystem –
357	Bruno S. Frey, Zürich	Politische und soziale Einflüsse auf das Wirtschaftsleben
	Heinz König, Mannheim	Ursachen der Arbeitslosigkeit: zu hohe Reallöhne oder Nachfragemangel?
358	Klaus Hahlbrock, Köln	Programmierter Zelltod bei der Abwehr von Pflanzen gegen Krankheitserreger
359	Wolfgang Kundt, Bonn	Kosmische Überschallstrahlen
	Theo Mayer-Kuckuk, Bonn	Das Kühler-Synchrotron COSY und seine physikalischen Perspektiven
360	Frederick H. Epstein, Zürich	Gesundheitliche Risikofaktoren in der modernen Welt
	Günther O. Schenck, Mülheim/Ruhr	Zur Beteiligung photochemischer Prozesse an den photodynamischen Lichtkrankheiten der Pflanzen und Bäume („Waldsterben")
361	Siegfried Batzel, Herten	Die Nutzung von Kohlelagerstätten, die sich den bekannten bergmännischen Gewinnungsverfahren verschließen
		Jahresfeier am 11. Mai 1988

362	Erich Sackmann, München	Biomembranen: Physikalische Prinzipien der Selbstorganisation und Funktion als integrierte Systeme zur Signalerkennung, -verstärkung und -übertragung auf molekularer Ebene
	Kurt Schaffner, Mülheim/Ruhr	Zur Photophysik und Photochemie von Phytochrom, einem photomorphogenetischen Regler in grünen Pflanzen
363	Klaus Knizia, Dortmund	Energieversorgung im Spannungsfeld zwischen Utopie und Realität
	Gerd H. Wolf, Jülich	Fusionsforschung in der Europäischen Gemeinschaft
364	Hans Ludwig Jessberger, Bochum	Geotechnische Aufgaben der Deponietechnik und der Altlastensanierung
	Egon Krause, Aachen	Numerische Strömungssimulation
365	Dieter Stöffler, Münster	Geologie der terrestrischen Planeten und Monde
	Hans Volker Klapdor, Heidelberg	Der Beta-Zerfall der Atomkerne und das Alter des Universums
366	Horst Uwe Keller, Katlenburg-Lindau	Das neue Bild des Planeten Halley – Ergebnisse der Raummissionen
	Ulf von Zahn, Bonn	Wetter in der oberen Atmosphäre (50 bis 120 km Höhe)
367	Jozef S. Schell, Köln	Fundamentales Wissen über Struktur und Funktion von Pflanzengenen eröffnet neue Möglichkeiten in der Pflanzenzüchtung
368	Frank H. Hahn, Cambridge	Aspects of Monetary Theory
370	Friedrich Hirzebruch, Bonn	Codierungstheorie und ihre Beziehung zu Geometrie und Zahlentheorie
	Don Zagier, Bonn	Primzahlen: Theorie und Anwendung
371	Hartwig Höcker, Aachen	Architektur von Makromolekülen
372	János Szentágothai, Budapest	Modulare Organisation nervöser Zentralorgane, vor allem der Hirnrinde
373	Rolf Staufenbiel, Aachen	Transportsysteme der Raumfahrt
	Peter R. Sahm, Aachen	Werkstoffwissenschaften unter Schwerelosigkeit
374	Karl-Heinz Büchel, Leverkusen	Die Bedeutung der Produktinnovation in der Chemie am Beispiel der Azol-Antimykotika und -Fungizide
375	Frank Natterer, Münster	Mathematische Methoden der Computer-Tomographie
	Rolf W. Günther, Aachen	Das Spiegelbild der Morphe und der Funktion in der Medizin
376	Wilhelm Stoffel, Köln	Essentielle makromolekulare Strukturen für die Funktion der Myelinmembran des Zentralnervensystems
377	Hans Schadewaldt, Düsseldorf	Betrachtungen zur Medizin in der bildenden Kunst
378	6. Akademie-Forum	Arzt und Patient im Spannungsfeld: Natur – technische Möglichkeiten – Rechtsauffassung
	Wolfgang Klages, Aachen	Patient und Technik
	Hans-Erhard Bock, Tübingen, Hans-Ludwig Schreiber, Hannover	Patientenaufklärung und ihre Grenzen
	Herbert Weltrich, Düsseldorf	Ärztliche Behandlungsfehler
	Paul Schölmerich, Mainz Günter Solbach, Aachen	Ärztliches Handeln im Grenzbereich von Leben und Sterben
379	Hermann Flohn, Bonn	Treibhauseffekt der Atmosphäre: Neue Fakten und Perspektiven
	Dieter Hans Ehhalt, Jülich	Die Chemie des antarktischen Ozonlochs
380	Gerd Herziger, Aachen	Anwendungen und Perspektiven der Lasertechnik
	Manfred Weck, Aachen	Erhöhung der Bearbeitungsgenauigkeit – eine Herausforderung an die Ultrapräzisionstechnik
381	Wilfried Ruske, Aachen	Planung, Management, Gestaltung – aktuelle Aufgaben des Stadtbauwesens
382	Sebastian A. Gerlach, Kiel	Flußeinträge und Konzentrationen von Phosphor und Stickstoff und das Phytoplankton der Deutschen Bucht
	Karsten Reise, Sylt	Historische Veränderungen in der Ökologie des Wattenmeeres
383	Lothar Jaenicke, Köln	Differenzierung und Musterbildung bei einfachen Organismen
	Gerhard W. Roeb, Fritz Führ, Jülich	Kurzlebige Isotope in der Pflanzenphysiologie am Beispiel des 11_C-Radiokohlenstoffs
384	Sigrid Peyerimhoff, Bonn	Theoretische Untersuchung kleiner Moleküle in angeregten Elektronenzuständen
	Siegfried Matern, Aachen	Konkremente im menschlichen Organismus: Aspekte zur Bildung und Therapie
385	Parlamentarisches Kolloquim	Wissenschaft und Politik – Molekulargenetik und Gentechnik in Grundlagenforschung, Medizin und Industrie
386	Bernd Höfflinger, Stuttgart	Neuere Entwicklungen der Silizium-Mikroelektronik
387	János Kertész, Köln	Tröpfchenmodelle des Flüssig-Gas-Übergangs und ihre Computer-Simulation
388	Erhard Hornbogen, Bochum	Legierungen mit Formgedächtnis
389	Otto D. Creutzfeldt, Göttingen	Die wissenschaftliche Erforschung des Gehirns: Das Ganze und seine Teile
390	Friedhelm Stangenberg, Bochum	Qualitätssicherung und Dauerhaftigkeit von Stahlbetonbauwerken

ABHANDLUNGEN

Band Nr.

67	Elmar Edel, Bonn	Hieroglyphische Inschriften des Alten Reiches
68	Wolfgang Ehrhardt, Athen	Das Akademische Kunstmuseum der Universität Bonn unter der Direktion von Friedrich Gottlieb Welcker und Otto Jahn
69	Walther Heissig, Bonn	Geser-Studien. Untersuchungen zu den Erzählstoffen in den „neuen" Kapiteln des mongolischen Geser-Zyklus
70	Werner H. Hauss, Münster Robert W. Wissler, Chicago	Second Münster International Arteriosclerosis Symposium: Clinical Implications of Recent Research Results in Arteriosclerosis
71	Elmar Edel, Bonn	Die Inschriften der Grabfronten der Siut-Gräber in Mittelägypten aus der Herakleopolitenzeit
72	(Sammelband)	Studien zur Ethnogenese
	Wilhelm E. Mühlmann	Ethnogonie und Ethnogenese
	Walter Heissig	Ethnische Gruppenbildung in Zentralasien im Licht mündlicher und schriftlicher Überlieferung
	Karl J. Narr	Kulturelle Vereinheitlichung und sprachliche Zersplitterung: Ein Beispiel aus dem Südwesten der Vereinigten Staaten
	Harald von Petrikovits	Fragen der Ethnogenese aus der Sicht der römischen Archäologie
	Jürgen Untermann	Ursprache und historische Realität. Der Beitrag der Indogermanistik zu Fragen der Ethnogenese
	Ernst Risch	Die Ausbildung des Griechischen im 2. Jahrtausend v. Chr.
	Werner Conze	Ethnogenese und Nationsbildung – Ostmitteleuropa als Beispiel
73	Nikolaus Himmelmann, Bonn	Ideale Nacktheit
74	Alf Önnerfors, Köln	Willem Jordaens, Conflictus virtutum et viciorum. Mit Einleitung und Kommentar
75	Herbert Lepper, Aachen	Die Einheit der Wissenschaften: Der gescheiterte Versuch der Gründung einer „Rheinisch-Westfälischen Akademie der Wissenschaften" in den Jahren 1907 bis 1910
76	Werner H. Hauss, Münster Robert W. Wissler, Chicago Jörg Grünwald, Münster	Fourth Münster International Arteriosclerosis Symposium: Recent Advances in Arteriosclerosis Research
78	(Sammelband)	Studien zur Ethnogenese, Band 2
	Rüdiger Schott	Die Ethnogenese von Völkern in Afrika
	Siegfried Herrmann	Israels Frühgeschichte im Spannungsfeld neuer Hypothesen
	Jaroslav Šašel	Der Ostalpenbereich zwischen 550 und 650 n. Chr.
	András Róna-Tas	Ethnogenese und Staatsgründung. Die türkische Komponente bei der Ethnogenese des Ungartums
	Register zu den Bänden 1 (Abh 72) und 2 (Abh 78)	
79	Hans-Joachim Klimkeit, Bonn	Hymnen und Gebete der Religion des Lichts. Iranische und türkische Texte der Manichäer Zentralasiens
80	Friedrich Scholz, Münster	Die Literaturen des Baltikums Ihre Entstehung und Entwicklung
82	Werner H. Hauss, Münster Robert W. Wissler, Chicago H.-J. Bauch, Münster	Fifth Münster International Arteriosclerosis Symposium: Modern Aspects of the Pathogenesis of Arteriosclerosis
83	Karin Metzler, Frank Simon, Bochum	Ariana et Athanasiana. Studien zur Überlieferung und zu philologischen Problemen der Werke des Athanasius von Alexandrien
84	Siegfried Reiter / Rudolf Kassel, Köln	Friedrich August Wolf. Ein Leben in Briefen. Ergänzungsband, I: Die Texte; II: Die Erläuterungen
85	Walther Heissig, Bonn	Heldenmärchen versus Heldenepos? Strukturelle Fragen zur Entwicklung altaischer Heldenmärchen
86	Hans Rothe, Bonn	*Die Schlucht*. Ivan Gontscharov und der „Realismus" nach Turgenev und vor Dostojevski (1849–1869)
87	Werner H. Hauss, Münster Robert W. Wissler, Chicago H.-J. Bauch, Münster	Sixth Münster International Arteriosclerosis Symposium: New Aspects of Metabolism and Behaviour of Mesenchymal Cells during the Pathogenesis of Arteriosclerosis

Sonderreihe PAPYROLOGICA COLONIENSIA

Vol. IV: *Ursula Hagedorn und Dieter Hagedorn, Köln,* *Louise C. Youtie und Herbert C. Youtie, Ann Arbor*	Das Archiv des Petaus (P. Petaus)
Vol. V: *Angelo Geißen, Köln* *Wolfram Weiser, Köln*	Katalog Alexandrinischer Kaisermünzen der Sammlung des Instituts für Altertumskunde der Universität zu Köln Band 1: Augustus-Trajan (Nr. 1–740) Band 2: Hadrian-Antoninus Pius (Nr. 741–1994) Band 3: Marc Aurel-Gallienus (Nr. 1995–3014) Band 4: Claudius Gothicus – Domitius Domitianus, Gau-Prägungen, Anonyme Prägungen, Nachträge, Imitationen, Bleimünzen (Nr. 3015–3627) Band 5: Indices zu den Bänden 1 bis 4
Vol. VI: *J. David Thomas, Durham*	The epistrategos in Ptolemaic and Roman Egypt Part 1: The Ptolemaic epistrategos Part 2: The Roman epistrategos
Vol. VII	Kölner Papyri (P. Köln)
Bärbel Kramer und Robert Hübner (Bearb.), Köln	Band 1
Bärbel Kramer und Dieter Hagedorn (Bearb.), Köln	Band 2
Bärbel Kramer, Michael Erler, Dieter Hagedorn und Robert Hübner (Bearb.), Köln	Band 3
Bärbel Kramer, Cornelia Römer und Dieter Hagedorn (Bearb.), Köln	Band 4
Michael Gronewald, Klaus Maresch und Wolfgang Schäfer (Bearb.), Köln	Band 5
Michael Gronewald, Bärbel Kramer, Klaus Maresch, Maryline Parca und Cornelia Römer (Bearb.)	Band 6
Michael Gronewald, Klaus Maresch (Bearb.), Köln	Band 7
Vol. VIII: *Sayed Omar (Bearb.), Kairo*	Das Archiv des Soterichos (P. Soterichos)
Vol. IX	Kölner ägyptische Papyri (P. Köln ägypt.)
Dieter Kurth, Heinz-Josef Thissen und Manfred Weber (Bearb.), Köln	Band 1
Vol. X: *Jeffrey S. Rusten, Cambridge, Mass.*	Dionysius Scytobrachion
Vol. XI: *Wolfram Weiser, Köln*	Katalog der Bithynischen Münzen der Sammlung des Instituts für Altertumskunde der Universität zu Köln Band 1: Nikaia. Mit einer Untersuchung der Prägesysteme und Gegenstempel
Vol. XII: *Colette Sirat, Paris u. a.*	La *Ketouba* de Cologne. Un contrat de mariage juif à Antinoopolis
Vol. XIII: *Peter Frisch, Köln*	Zehn agonistische Papyri
Vol. XIV: *Ludwig Koenen, Ann Arbor* *Cornelia Römer (Bearb.), Köln*	Der Kölner Mani-Kodex. Über das Werden seines Leibes. Kritische Edition mit Übersetzung.
Vol. XV: *Jaakko Frösen, Helsinki/Athen* *Dieter Hagedorn, Heidelberg (Bearb.)*	Die verkohlten Papyri aus Bubastos (P. Bub.) Band 1
Vol. XVI: *Robert W. Daniel, Köln* *Franco Maltomini, Pisa (Bearb.)*	Supplementum Magicum Band 1 Band 2
Vol. XVII: *Reinhold Merkelbach,* *Maria Totti (Bearb.), Köln*	Abrasax. Ausgewählte Papyri religiösen und magischen Inhalts Band 1: Gebete Band 2: Gebete (Fortsetzung)
Vol. XVIII: *Klaus Maresch, Köln* *Zola M. Packman, Pietermaritzburg, Natal (eds.)*	Papyri from the Washington University Collection, St. Louis, Missouri
Vol. XIX: *Robert W. Daniel, Köln (ed.)*	*Two Greek Papyri in the National Museum of Antiquities in Leiden*

GPSR Compliance

The European Union's (EU) General Product Safety Regulation (GPSR) is a set of rules that requires consumer products to be safe and our obligations to ensure this.

If you have any concerns about our products, you can contact us on

ProductSafety@springernature.com

In case Publisher is established outside the EU, the EU authorized representative is:

Springer Nature Customer Service Center GmbH
Europaplatz 3
69115 Heidelberg, Germany

www.ingramcontent.com/pod-product-compliance
Ingram Content Group UK Ltd.
Pitfield, Milton Keynes, MK11 3LW, UK
UKHW051252180426
11947UKWH00020B/1667